计算机科学丛书

编译器设计实战

基于Python的增量式设计

［美］ 杰里米·G. 希克（Jeremy G. Siek）著
李文生 刘晓鸿 译

Essentials of Compilation

An Incremental Approach in Python

机械工业出版社
CHINA MACHINE PRESS

Jeremy G. Siek: *Essentials of Compilation: An Incremental Approach in Python* (ISBN 9780262048248).

Original English language edition copyright © 2023 by Jeremy G. Siek.

Simplified Chinese Translation Copyright © 2025 by China Machine Press.

Simplified Chinese translation rights arranged with MIT Press through Bardon-Chinese Media Agency.

No part of this book may be reproduced or transmitted in any form or by any means, electronic or mechanical, including photocopying, recording or any information storage and retrieval system, without permission, in writing, from the publisher.

All rights reserved.

本书中文简体字版由 MIT Press 通过 Bardon-Chinese Media Agency 授权机械工业出版社在中国大陆地区（不包括香港、澳门特别行政区及台湾地区）独家出版发行。未经出版者书面许可，不得以任何方式抄袭、复制或节录本书中的任何部分。

北京市版权局著作权合同登记　图字：01-2023-2342 号。

图书在版编目（CIP）数据

编译器设计实战：基于 Python 的增量式设计 /（美）杰里米·G. 希克 (Jeremy G. Siek) 著；李文生，刘晓鸿译 . -- 北京：机械工业出版社，2025. 8. --（计算机科学丛书）. -- ISBN 978-7-111-78937-6

I. TP314

中国国家版本馆 CIP 数据核字第 20252GW591 号

机械工业出版社（北京市百万庄大街 22 号　邮政编码 100037）
策划编辑：刘　锋　　　　　　　责任编辑：刘　锋
责任校对：杜丹丹　李可意　景　飞　责任印制：邓　博
河北鹏盛贤印刷有限公司印刷
2025 年 9 月第 1 版第 1 次印刷
185mm×260mm・13.25 印张・222 千字
标准书号：ISBN 978-7-111-78937-6
定价：89.00 元

电话服务　　　　　　　网络服务
客服电话：010-88361066　机 工 官 网：www.cmpbook.com
　　　　　010-88379833　机 工 官 博：weibo.com/cmp1952
　　　　　010-68326294　金　书　网：www.golden-book.com
封底无防伪标均为盗版　机工教育服务网：www.cmpedu.com

译 者 序

Essentials of Compilation: An Incremental Approach in Python

  编译原理在计算机科学中占据着至关重要的地位。恰恰是因为高级语言的广泛使用，才有了今日无所不在的软件和绚烂多彩的信息世界。这其中居功至伟的便是编译器——负责将高级语言程序翻译成计算机能够执行的目标代码。编译的基本理论和方法研究主要在 20 世纪 60 到 70 年代，至 20 世纪 70 年代末 80 年代初基本成熟，所以就有了 1986 年 Aho 等人的经典著作（俗称"龙书"）：《编译原理》。神奇的是，20 年后该书才有了修订扩充的第 2 版，对于计算机日新月异的高速发展而言，非常罕见。其修订版的前言中指出了编译技术仍然重要的原因："我们认识到，很少有读者会为一种主要的编程语言构建甚至维护编译器；然而，与编译器相关的模型、理论和算法可以应用于软件设计和软件开发的广泛问题中。"

  编译原理与技术是计算机专业相对困难的一门课程，这体现在理论和实践两个方面。在理论方面，编译程序设计需要掌握上下文无关文法的分析方法——自顶向下的预测或自底向上的归约，以及相应的数据结构和算法实现，还有其他的一些理论和算法。在实践方面，困难更为明显：对任何一个稍复杂的语言，很难通过软件扩充的方式去实现编译器，换句话说，在一个已有的语言编译器中加入新的语言特性是非常困难的。尽管在工程上有大量 Linux 或其他操作系统相关的定制工作（尤其是在嵌入式系统中），但在应用中很少听到过对 GNU 编译工具的修改或扩展。个中原因，除去需求相对少之外，复杂性大概是主要的障碍：编译器不同过程间的联系和依赖更紧密，更一体化，相关工作很多时候看似无从下手。比如，gcc 编译器翻译过程中会生成寄存器传递语言（RTL）的中间代码，而该语言就是非常复杂的。这就意味着，为了翻译新加入的语法项，需要对编译器已经实现的各种细节加以了解，这自然是非常困难的。所以，在编译课程的程序实践中，我们给的都是一些小型语言的玩具问题，可用工具自动生成或是自主高级语言编程，浅尝辄止。

  在本书中，借助于递归函数，通过微编译遍的方式实现编译器，对上述问题给出了有效的解决方法。由基本整数运算的语言，到加入变量，再加入布尔值、条件表达式和 while 循环；再进一步扩张语言，支持元组和内存垃圾回收，以及函数和词法作用域函数（即 λ 式）；再辅以较新的特性，如动态类型、渐变类型和泛型等，从而逐步丰富了语言特性。而在加入这些特性的过程中，每次编译扩展会生成一个中间语言，其中都加入了若干微编译遍，典型的有唯一化变量、移除复杂操作数、详细控制、选择指令、分配变量存储、修补指令以及生成起始和收尾代码等多个微编译遍，这样就可完成高级语言到汇编语言的翻译。这一方法在有效降低编译器设计和开发难度的同时，也完美体现了软件工程中的开闭原则。

本书作者 Jeremy Siek 是印第安纳大学信息、计算与工程学院的计算机科学教授，长期教授编程、编程语言、编译原理、逻辑学和其他计算机科学领域的课程，设计通用的和高性能的语言。他在语言方面的贡献之一，是与 Walid Taha 一起发明了渐变类型方法，可在同一语言中混合使用静态和动态类型。本书是他多年相关教学和实践的总结和凝练。

本书行文简练，内容由浅入深，表达精准严谨。本书各章中有相应的练习，网站上有相关的程序和资源。此外，书中的参考文献也为读者进行深入的研究提供了便利。本书分为 Python 实现版本和 Racket 实现版本，供有不同需求的读者参考。

本书由北京邮电大学刘晓鸿和李文生负责翻译，刘晓鸿翻译了前言和第 1、2、7、8、9 和 12 章及附录，李文生翻译了第 3、4、5、6、10 和 11 章。

由于时间紧迫且译者水平所限，译文难免有错误及不妥之处，恳请读者批评指正。

译者
2025 年 5 月于北京邮电大学

前 言
Essentials of Compilation: An Incremental Approach in Python

这是一个神奇的时刻：当程序员按下运行按钮时，软件开始执行。不知何故，一个用高级语言编写的程序可以在一台只能进行位操作的计算机上运行。在这里，我们将揭示使这一时刻成为可能的魔法。从 20 世纪 50 年代巴克斯（Backus）及其同事的开创性工作开始，计算机科学家发展出了一种技术，用于构建称为编译器的程序，编译器可以将高级语言程序自动翻译成机器代码。

我们将带你踏上这样的旅程：为一种规模小但功能强大的语言构建自己的编译器。在这个过程中，我们将解释编译器背后的基本概念、算法和数据结构。帮助你理解程序是如何映射到计算机硬件的，这有助于推断硬件和软件交界处的属性，例如软件的执行时间、软件错误和安全漏洞等。对于那些有志于以构造编译器为职业的人，本书的目标是作为日后研究更深入主题的基石，例如即时编译、程序分析和程序优化；对于那些对设计和实现编程语言感兴趣的人，本书则把语言设计中的可能选择与这些选择对编译器和生成的代码的影响联系了起来。

编译器通常组织为一系列阶段，通过这些阶段逐步将程序转换为在硬件上运行的代码。我们将这一方法发挥到了极致，将编译器划分为大量微编译遍，每个微小过程执行单一的任务。这样，我们就可以独立地测试编译过程的每一个编译遍，并可集中注意力于相应的编译遍，从而使编译器工作过程更易理解。

描述编译器最常见的方法是每章只介绍一个编译遍。对于如何根据语言特性挑选编译器的设计方案，这种方法对此问题的回答是模糊的。与此相反，我们采用增量式方法，在每章中都将构建一个完整的编译器，从只包含算术和变量的小型输入语言开始，在后续章节中不断添加新的语言特性，并根据需求对编译器进行相应的扩展。

我们选择的语言特性旨在引出编译器中使用的基本概念和算法。

- 从第 1 章和第 2 章的整数算术和局部变量开始，介绍编译器构造的基本工具：抽象语法树和递归函数。
- 第 3 章，将学习如何使用 Lark 语法分析器框架为整数算术和局部变量语言创建分析器。将了解 Lark 内部的分析算法，包括 Earlcy 和 LALR（1）。

- 第 4 章，应用图着色算法来将程序中的变量分配给机器的寄存器。
- 第 5 章添加了条件表达式，它激发出了一个优雅的递归算法，将条件表达式转换为条件 goto 语句。
- 第 6 章加入了循环语句，该语句的处理需要在寄存器分配器过程中进行数据流分析。
- 第 7 章增加了堆分配的元组，引出了内存垃圾回收。
- 第 8 章将函数添加为没有词法作用域的第一类值，类似于 C 编程语言中的函数（Kernighan and Ritchie 1988）。读者将了解过程调用栈和调用约定，以及它们如何与寄存器分配和内存垃圾回收相互作用。本章还描述了如何生成有效的尾调用。
- 第 9 章添加了具有词法作用域的匿名函数，即 λ 表达式。读者将了解闭包转换，其中的 λ 表达式被转换为函数和元组的组合。
- 第 10 章增加了动态类型。在此之前讨论的输入语言都是静态类型的。本章使用 Any 类型扩展静态类型语言，该类型用作编译动态类型语言的目标类型。
- 第 11 章使用第 10 章引入的 Any 类型来实现一种渐变类型语言，其中程序的不同区域可以是静态类型或动态类型。读者将可实现对代理的运行时支持，这些代理允许值在不同类型区域之间安全地移动。
- 第 12 章添加了带有自动装箱的泛型，它是借助第 10 章和第 11 章中开发的 Any 类型和类型强制转换来实现的。

许多语言特性还没有包括在本书的讨论中。我们的选择平衡了语言特性附带的复杂性和它所展示的基本概念。例如，本书包含元组而没有包含记录，因为尽管它们都需要研究堆分配和垃圾回收，但记录处理伴随着更大的复杂性。

自 2009 年以来，本书的草稿一直作为科罗拉多大学和印第安纳大学的高年级本科生和一年级研究生的 16 周编译原理课程的教科书。参加学习的学生已经学完了编程、数据结构和算法以及离散数学的基础知识。学生在课程开始时就分成两到四人的小组。从第 2 章开始，会根据学生的兴趣选择所包含的章节，同时兼顾图 0.1 所示的各章节之间的依赖关系，各小组大约每两周完成一章的学习。第 8 章（函数）只在有效尾调用的实现中依赖于第 7 章（元组）的实现。课程的最后两周包括一个期末项目，学生在其中设计并实现自己所选内容的编译器的扩展。最后几章可以用来支持这些项目。许多章节中都包含了我们分配给研究生的富有挑战性的问题。

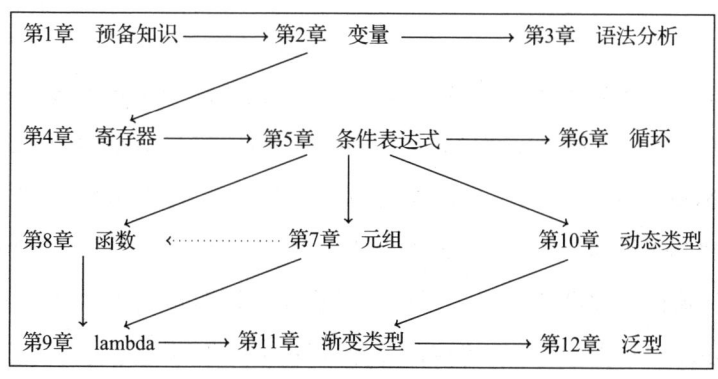

图 0.1　各章依赖关系图

对于季度制（大约十周）的大学编译原理课程，我们建议完成第 7 章或第 8 章前的课程内容，并为编译器相关的编译遍给学生提供一些框架代码。本课程可以通过跳过第 6 章（循环）和第 9 章（λ 表达式）来强调函数式语言；而通过将第 10 章加入到课程中，本课程可以适应动态类型语言的编译原理课程的学习。

本书已经在下述大学的编译原理课程中使用：加州州立理工大学、波特兰州立大学、罗斯 – 霍尔曼理工学院、弗莱堡大学、马萨诸塞大学洛厄尔分校和佛蒙特大学。

本书使用 Python 来实现编译器和输入语言，所以读者应该精通 Python 语言。有许多学习 Python 的优秀资源（Lutz 2013；Barry 2016；Sweigart 2019；Matthes 2019）。本书的支持代码位于以下 GitHub 存储库中：

https://github.com/IUCompilerCourse/

编译器针对 x86 汇编语言（Intel 2015），所以，如果读者已经选修了计算机系统课程（Bryant and O'Hallaron 2010），将会非常有帮助（但不是必需的）。书中介绍了编译器中需要使用的 x86-64 汇编语言的部分。我们遵循了 UNIX 系统 V 调用约定（Bryant and O'Hallaron 2005；Matz et al. 2013），因此在英特尔硬件上运行的 Linux 或 MacOS 操作系统中使用 GNU C 编译器（gcc）进行编译时，所生成的汇编代码都可以与运行时系统（用 C 语言编写）一起工作。在 Windows 操作系统上，gcc 使用了 Microsoft x64 调用约定（Microsoft 2018, 2020）。因此，我们生成的汇编代码不能在 Windows 运行时系统中工作。一种解决方法是使用带有 Linux 的虚拟机作为客户机操作系统。

致谢

　　印第安纳大学编译器构造的教学传统可以追溯到 Daniel Friedman 在 20 世纪 70 年代和 80 年代对编程语言的研究和课程。他的学生 Kent Dybvig 实现了 Chez Scheme（Dybvig 2006），这是一个高效的、产品质量级的 Scheme 编译器。在 20 世纪 90 年代和 21 世纪初，Dybvig 教授进行编译器课程教学，并继续开发 Chez Scheme。编译器课程逐渐融入了新颖的教学理念，同时也包含了现实世界中编译器的元素。Friedman 的想法之一是将编译器分成许多小的"遍"。另一个被称为"对战"（the game）的想法是使用解释器测试每遍生成的代码。

　　Dybvig 在他的学生 Dipanwita Sarkar 和 Andrew Keep 的帮助下，开发了支持这种方法的基础平台，并发展了使用更小的微编译遍（Sarkar, Waddell, and Dybvig 2004；Keep 2012）的方法。本书中的许多编译器设计决策都受到了 Dybvig 和 Keep（2010）课程作业的启发。在 20 世纪 00 年代中期，Dybvig 的一位名叫 Abdulaziz Ghuloum 的学生观察到，课程中的前端–后端组织方式使得学生很难理解编译器设计的基本原理。Ghuloum 于是提出了增量式方法（Ghuloum 2006），本书就基于这一方法。

　　我要感谢在印第安纳大学编译原理课程中担任助教的许多学生，包括 Carl Factora、Ryan Scott、Cameron Swords 和 Chris Wailes。我要感谢 Andre Kuhlenschmidt 在垃圾回收器和 x86 解释器方面的工作，Michael Vollmer 在高效尾调用方面的工作，以及 Michael Vitousek 在印第安纳大学首次提供增量式编译原理课程方面的帮助。

　　我要感谢各位教授：Bor-Yuh Chang、John Clements、Jay McCarthy、Joseph Near、Ryan Newton、Nate Nystrom、Peter Thiemann、Andrew Tolmach 和 Michael Wollowski。他们基于本书草稿开设编译原理课程并及时进行了反馈。感谢美国国家科学基金会对这项工作的资助：资助号为 1518844、1763922 和 1814460。

　　我要感谢 Ronald Garcia 在 21 世纪初帮助我熬过了 Dybvig 的编译原理课程，尤其是帮助我找到了那个让垃圾回收器白费精力的软件缺陷！

Jeremy G. Siek
印第安纳州布卢明顿市

目 录

译者序
前言

第1章 预备知识 ... 1
1.1 抽象语法树 ... 1
1.2 语法 ... 3
1.3 模式匹配 ... 5
1.4 递归函数 ... 6
1.5 解释器 ... 7
1.6 编译器示例：部分求值器 ... 10

第2章 整数与变量 ... 12
2.1 $\mathcal{L}_{Var}$ 语言 ... 12
2.1.1 通过方法覆盖来扩展解释器 ... 13
2.1.2 $\mathcal{L}_{Var}$ 的定义性解释器 ... 14
2.2 $x86_{Int}$ 汇编语言 ... 16
2.3 规划 x86 汇编之旅 ... 20
2.4 移除复杂操作数 ... 21
2.5 选择指令 ... 23
2.6 分配变量存储 ... 24
2.7 修补指令 ... 25
2.8 生成起始和收尾代码 ... 26
2.9 挑战：$\mathcal{L}_{Var}$ 的部分求值器 ... 26

第3章 语法分析 ... 28
3.1 词法分析和正则表达式 ... 28
3.2 文法和解析树 ... 30
3.3 二义性文法 ... 32
3.4 从解析树到抽象语法树 ... 33
3.5 Earley 算法 ... 34
3.6 LALR（1）算法 ... 39
3.7 进一步阅读 ... 42

第4章 寄存器分配 ... 43
4.1 寄存器和调用约定 ... 44
4.2 活跃性分析 ... 46
4.3 构建干涉图 ... 49
4.4 利用数独进行图着色 ... 50
4.5 修补指令 ... 55
4.6 生成起始和收尾代码 ... 56
4.7 挑战：传送偏置 ... 57
4.8 进一步阅读 ... 59

第5章 布尔值和条件表达式 ... 61
5.1 $\mathcal{L}_{If}$ 语言 ... 62
5.2 $\mathcal{L}_{If}$ 程序的类型检查 ... 64
5.3 C_{If} 中间语言 ... 67
5.4 $x86_{If}$ 语言 ... 68
5.5 收缩 $\mathcal{L}_{If}$ 语言 ... 70
5.6 移除复杂操作数 ... 70
5.7 详细控制 ... 71
5.8 选择指令 ... 77
5.9 寄存器分配 ... 78
5.9.1 活跃性分析 ... 78
5.9.2 构建干涉图 ... 79
5.10 修补指令 ... 79
5.11 生成起始和收尾代码 ... 79

5.12 挑战：优化块和移除跳转 ……… 81
 5.12.1 优化块 ……………………… 81
 5.12.2 移除跳转 …………………… 82
5.13 进一步阅读 …………………… 83

第 6 章 循环和数据流分析 ……… 84
6.1 $\mathcal{L}_{While}$ 语言 ………………………… 84
6.2 循环控制流和数据流分析 ……… 86
6.3 移除复杂操作数 ………………… 89
6.4 详细控制 ………………………… 89
6.5 寄存器分配 ……………………… 90

第 7 章 元组和垃圾回收 ………… 91
7.1 $\mathcal{L}_{Tup}$ 语言 ………………………… 91
7.2 垃圾回收 ………………………… 94
 7.2.1 双空间复制收集器 ………… 94
 7.2.2 通过 Cheney 算法进行图的复制 ……………………… 96
 7.2.3 数据表示 …………………… 97
 7.2.4 垃圾回收器的实现 ………… 98
7.3 显露分配 ………………………… 99
7.4 移除复杂操作数 ………………… 101
7.5 详细控制和 $\mathcal{C}_{Tup}$ 语言 …………… 101
7.6 选择指令和 x86$_{Global}$ 语言 …… 102
7.7 寄存器分配 ……………………… 106
7.8 生成起始和收尾代码 …………… 106
7.9 挑战：数组 ……………………… 107
 7.9.1 数据表示 …………………… 110
 7.9.2 重载解析 …………………… 111
 7.9.3 边界检查 …………………… 111
 7.9.4 显露分配 …………………… 111
 7.9.5 移除复杂操作数 …………… 112
 7.9.6 详细控制 …………………… 112

 7.9.7 选择指令 …………………… 112
7.10 进一步阅读 …………………… 112

第 8 章 函数 ……………………… 114
8.1 $\mathcal{L}_{Fun}$ 语言 ………………………… 114
8.2 x86 汇编下的函数 ……………… 118
 8.2.1 调用约定 …………………… 118
 8.2.2 高效的尾调用 ……………… 120
8.3 收缩 $\mathcal{L}_{Fun}$ 语言 ………………… 121
8.4 揭示函数和 $\mathcal{L}_{FunRef}$ 语言 ………… 121
8.5 限制函数 ………………………… 122
8.6 移除复杂操作数 ………………… 122
8.7 详细控制和 $\mathcal{C}_{Fun}$ 语言 …………… 123
8.8 选择指令和 x86$_{callq*}^{Def}$ 语言 …… 124
8.9 寄存器分配 ……………………… 126
 8.9.1 活跃性分析 ………………… 127
 8.9.2 构建干涉图 ………………… 127
 8.9.3 分配寄存器 ………………… 127
8.10 修补指令 ……………………… 127
8.11 生成起始和收尾代码 ………… 128
8.12 翻译举例 ……………………… 129

第 9 章 词法作用域函数 ………… 131
9.1 $\mathcal{L}_\lambda$ 语言 …………………………… 132
9.2 赋值和词法作用域函数 ………… 136
9.3 唯一化变量 ……………………… 137
9.4 赋值转换 ………………………… 138
9.5 闭包转换 ………………………… 140
9.6 显露分配 ………………………… 142
9.7 详细控制和 $\mathcal{C}_{Clos}$ ……………… 143
9.8 选择指令 ………………………… 143
9.9 挑战：优化闭包 ………………… 144
9.10 进一步阅读 …………………… 146

第 10 章　动态类型 ·············· 147
- 10.1　$\mathcal{L}_{Dyn}$ 语言 ················ 147
- 10.2　标记值的表示 ············ 151
- 10.3　$\mathcal{L}_{Any}$ 语言 ················ 151
- 10.4　强制转换插入：编译 $\mathcal{L}_{Dyn}$ 为 $\mathcal{L}_{Any}$ ···························· 154
- 10.5　揭示强制转换 ············ 155
- 10.6　赋值转换 ················ 156
- 10.7　闭包转换 ················ 156
- 10.8　移除复杂操作数 ·········· 156
- 10.9　详细控制和 $\mathcal{C}_{Any}$ ·········· 156
- 10.10　选择指令 ··············· 157
- 10.11　$\mathcal{L}_{Any}$ 语言的寄存器分配 ····· 159

第 11 章　渐变类型 ·············· 161
- 11.1　类型检查 $\mathcal{L}_?$ ·············· 162
- 11.2　解释 $\mathcal{L}_{Cast}$ ················ 166
- 11.3　重载解析 ················ 170
- 11.4　插入强制转换 ············ 170
- 11.5　低层类型转换 ············ 171
- 11.6　区分代理 ················ 172
- 11.7　揭示强制转换 ············ 174
- 11.8　闭包转换 ················ 174
- 11.9　选择指令 ················ 174
- 11.10　进一步阅读 ············· 176

第 12 章　泛型 ················· 178
- 12.1　编译泛型 ················ 183
- 12.2　解析实例化 ·············· 184
- 12.3　擦除泛型类型 ············ 185

附录　x86 指令集快速参考 ········ 188

参考文献 ······················ 190

| 第 1 章

Essentials of Compilation: An Incremental Approach in Python

预备知识

在本章中，我们将介绍实现编译器所需的基本工具。程序通常是由程序员作为文本输入的，即一串字符。作为文本的程序的表示称为具体语法，我们使用具体语法来简洁地记录和讨论程序。在编译器内部，我们使用抽象语法树（Abstract Syntax Tree，AST）来表示程序，它可以高效地支持编译器需要执行的操作。将具体语法转化为抽象语法的过程称为语法分析，这将在第 3 章中进行研究。现在我们使用 Python 的 ast 模块中的 parse 函数，将具体语法转换为抽象语法。

AST 在编译器中以许多不同的方式表示，这取决于用于编写编译器的编程语言。我们使用 Python 类和对象来表示 AST，特别是在 Python 源语言的标准 ast 模块中定义的类。我们使用语法来定义编程语言的抽象语法（1.2 节），并使用模式匹配来检查 AST 中的各个节点（1.3 节）。我们使用递归函数构造和解构 AST（1.4 节）。本章将简要介绍这些部分。

1.1 抽象语法树

编译器使用 AST 来表示程序，因为它们经常需要问这样的问题：对于程序的给定部分，它有什么样的语言特性？它的子部分是什么？请观察规则（1.1）中左侧的示例程序和右侧的 AST。这个程序是一个加法操作，它有两个子部分，一个输入操作和一个取负操作。取负还有一个子部分，即整数常数 8。通过使用树来表示程序，我们可以很容易地沿下面的连接从程序的一个部分走到其他的子部分。

$$\text{input\_int() + -8} \qquad \begin{array}{c} + \\ \diagup \diagdown \\ \text{input\_int()} \quad - \\ | \\ 8 \end{array} \qquad (1.1)$$

我们使用树的标准术语来描述 AST：上面的每个矩形称为节点；箭头将一个节

点连接到它的子节点,这些子节点也是节点。最上面的节点是根节点。除了根节点之外,每个节点都有一个父节点(当前节点是其子节点)。如果一个节点没有子节点,它就是叶节点,否则为内部节点。

我们为每一种节点使用一个 Python 类。以下是 Python 的 ast 模块中常量(也就是字面值)的类定义:

```python
class Constant:
    def __init__(self, value):
        self.value = value
```

整型常量节点只包含一个东西:整数值。要为整数 8 创建 AST 节点,将其写为 Constant(8)。

```python
eight = Constant(8)
```

我们说 Constant(8) 创建的值是 Constant 类的一个实例。

下面是一元操作符的类定义:

```python
class UnaryOp:
    def __init__(self, op, operand):
        self.op = op
        self.operand = operand
```

一元操作符的具体操作是由参数 op 来指定的。例如,类 USub 用于取负运算(更多一元操作符将在后面的章节中介绍)。要创建一个对数字 8 取负的 AST,我们编写如下代码:

```python
neg_8 = UnaryOp(USub(), 8)
```

对 input_int 函数的调用由 Call 类和 Name 类来表示:

```python
class Call:
    def __init__(self, func, args):
        self.func = func
        self.args = args

class Name:
    def __init__(self, id):
        self.id = id
```

要创建一个调用 input_int 的 AST 节点,可以写成这样:

```python
read = Call(Name('input_int'), [])
```

最后,为了表示规则(1.1)中的加法,我们使用 BinOp 类来表示二元操作符。

```
class BinOp:
  def __init__(self, left, op, right):
    self.op = op
    self.left = left
    self.right = right
```

与一元操作符 UnaryOp 类似，二元操作符中的具体操作也由 op 参数指定，该参数目前只有 Add 类的一个实例。因此，要创建 AST 节点，为某些用户输入添加 -8，我们编写以下代码：

```
ast1_1 = BinOp(read, Add(), neg_eight)
```

要编译像规则（1.1）这样的程序，我们需要知道与根节点相关联的操作是加法，并且需要能够访问它的两个子节点。Python 提供了模式匹配来支持这类查询，我们将在 1.3 节中看到。

我们经常需要写下程序的具体语法，即使实际中我们想到的是 AST，这是因为具体语法更简洁。我们建议你始终将程序看作 AST。

1.2 语法

编程语言可以被认为是程序的集合。这个集合是无限的（也就是说，人们总是可以创建更大的程序），所以不能简单地通过列出语言中的所有程序来描述一种语言。相反，我们写下了一组规则，即上下文无关的语法，据此构建程序。语法通常用于定义语言的具体语法，但也可用于描述抽象语法。我们用 Backus-Naur 范式（BNF）（Backus et al. 1960；Knuth 1964）的一种变体来写出语言规则。作为一个例子，我们描述了一个名为 $\mathcal{L}_{\text{Int}}$ 的小语言，它由整数和算术运算组成。

$\mathcal{L}_{\text{Int}}$ 抽象语法的第一条语法规则是：Constant（常量类）的实例是一个表达式：

$$exp ::= \text{Constant}(int) \tag{1.2}$$

每条规则都有左侧和右侧。如果有一个与右侧匹配的 AST 节点，那么可以根据左侧对其进行分类。采用代码字体的符号，如 Constant，是终结符，必须字面上出现在程序中才能适用该规则。我们的语法没有提到空白符号，即像空格、制表符和新行这样的分隔符。符号之间可以插入空白以消除歧义并提高可读性。由语法规则定义的名称（如 exp）是非终结符。int 也是一个非终结符，但是我们没有使用语法规则来定义它，而是用下面的解释来定义它。int 是一个数序列（0 到 9），可能以"-"开始（表示负整数），这个数序列表示一个范围在 -2^{63} 到 $2^{63}-1$ 之间的整数。这里允许使用 64 位表示整数，从而会在几个方面简化编译。相比之下，Python 语言中的整数具有无限精度，但处理无限精度所需的具体技术超出了本书的范围。

第二个语法规则是 input_int 操作，它接收程序的用户输入的整数。

$$exp ::= \text{Call}(\text{Name}('input\_int'), []) \tag{1.3}$$

第三条规则可归类为将 exp 节点取负仍为 exp。

$$exp ::= \text{UnaryOp}(\text{USub}(), exp) \tag{1.4}$$

我们可以应用这些规则对 $\mathcal{L}_{\text{Int}}$ 语言中的 AST 进行分类。例如，根据规则（1.2），Constant(8) 是一个 exp，然后根据规则（1.4），下面的 AST 是一个 exp。

$$\text{UnaryOp}(\text{USub}(), \text{Constant}(8)) \tag{1.5}$$

下面两个语法规则是关于加法和减法表达式的：

$$exp ::= \text{BinOp}(exp, \text{Add}(), exp) \tag{1.6}$$

$$exp ::= \text{BinOp}(exp, \text{Sub}(), exp) \tag{1.7}$$

现在我们可以证明规则（1.1）中的 AST 是 $\mathcal{L}_{\text{Int}}$ 中的一个 exp。我们知道，根据规则（1.3），Call(Name('input_int'), []) 是表达式 exp，并且我们已知道 UnaryOp(USub(), Constant(8)) 分类为 exp，因此根据规则（1.6）可以证明

BinOp(Call(Name('input_int'),[]),Add(),UnaryOp(USub(),Constant(8)))

是 $\mathcal{L}_{\text{Int}}$ 语言中的一个 exp。

如果你有一个不适用于这些规则的 AST，那么这个 AST 就不在 $\mathcal{L}_{\text{Int}}$ 语言中。例如，程序 input_int() * 8 不在 $\mathcal{L}_{\text{Int}}$ 中，因为没有"*"操作符的规则。当我们用语法定义一种语言时，该语言就只包括那些被语法规则证明正确的程序。

语言 $\mathcal{L}_{\text{Int}}$ 为定义语句包含了第二个非终结符 stmt。有一条语句用于打印表达式的值：

stmt ::= Expr(Call(Name('print'),[exp]))

以及对表达式求值但忽略结果的语句：

stmt ::= Expr(exp)

$\mathcal{L}_{\text{Int}}$ 语言的最后一个语法规则指出，有一个 Module 节点标记整个程序的顶部：

$\mathcal{L}_{\text{Int}} ::= \text{Module}(\textit{stmt}^*)$

其中星号"*"表示前面语法项的列表，在本例中是语句列表。Module 类定义如下：

```
class Module:
    def __init__(self, body):
        self.body = body
```

其中 body 是语句列表。

在语法中，许多语法规则的左侧相同但右侧不同，这是很常见的，例如 $\mathcal{L}_{\text{Int}}$ 语法中的 *exp* 规则。作为简单记法，竖线可以用来将几个右侧组合在一个语法规则中。

$\mathcal{L}_{\text{Int}}$ 语言的具体语法见图 1.1，抽象语法见图 1.2。我们建议使用 Python 的 ast 模块中的 parse 函数将具体语法转换为抽象语法树。

$$
\begin{array}{lll}
\textit{exp} & ::= & \textit{int} \mid \text{input\_int}() \mid -\textit{exp} \mid \textit{exp}+\textit{exp} \mid \textit{exp}-\textit{exp} \mid (\textit{exp}) \\
\textit{stmt} & ::= & \text{print}(\textit{exp}) \mid \textit{exp} \\
\mathcal{L}_{\text{Int}} & ::= & \textit{stmt}^*
\end{array}
$$

图 1.1　$\mathcal{L}_{\text{Int}}$ 语言的具体语法

$$
\begin{array}{lll}
\textit{exp} & ::= & \text{Constant}(\textit{int}) \mid \text{Call}(\text{Name}(\text{'input\_int'}),[]) \\
 & \mid & \text{UnaryOp}(\text{USub}(),\textit{exp}) \mid \text{BinOp}(\textit{exp},\text{Add}(),\textit{exp}) \\
 & \mid & \text{BinOp}(\textit{exp},\text{Sub}(),\textit{exp}) \\
\textit{stmt} & ::= & \text{Expr}(\text{Call}(\text{Name}(\text{'print'}),[\textit{exp}])) \mid \text{Expr}(\textit{exp}) \\
\mathcal{L}_{\text{Int}} & ::= & \text{Module}(\textit{stmt}^*)
\end{array}
$$

图 1.2　$\mathcal{L}_{\text{Int}}$ 语言的抽象语法

1.3　模式匹配

编译器经常需要访问 AST 节点的各个部分，如 1.1 节所述。从 3.10 版本开始，Python 提供了 match 特性来访问各个部分的值。参考示例如下：

```
match ast1_1:
  case BinOp(child1, op, child2):
    print(op)
```

在上面的示例中，match 形式检查 AST（1.1）是否为二进制操作符，并将其各个部分绑定到三个模式变量（child1、op 和 child2）上。一般来说，每个 case 子句包含一个模式和一个处理体。模式被递归地定义为以下形式之一：模式变量；类名后跟着类的构造函数及其每个参数的模式；或者是其他文字，如字符串或列表。每个 case 后的处理体可以包含任意的 Python 代码。模式变量可以在处理体中使用，例如语句 print(op) 中的 op。

match 形式可以包含几个子句，如下面的函数 leaf，当一个 $\mathcal{L}_{\text{Int}}$ 的节点是 AST 中的叶子时，它会识别出来。match 过程按照次序进行几个子句的处理，检查模式是否与输入的 AST 匹配，第一个匹配的子句的处理体将会被执行。以下代码的右侧显示了几个 AST 的 leaf 的输出：

```
def leaf(arith):
    match arith:
        case Constant(n):
            return True
        case Call(Name('input_int'), []):
            return True
        case UnaryOp(USub(), e1):
            return False
        case BinOp(e1, Add(), e2):
            return False
        case BinOp(e1, Sub(), e2):
            return False

print(leaf(Call(Name('input_int'), [])))    True
print(leaf(UnaryOp(USub(), eight)))          False
print(leaf(Constant(8)))                     True
```

在构造 match 表达式时，我们参考语法定义来确定希望匹配哪个非终结符，然后确保：该非终结符的每种选择都有一个匹配的情形，每种情形中的模式对应于语法规则的相应右侧。以 leaf 函数中的 match 为例，根据图 1.2 中所示的 $\mathcal{L}_{\text{Int}}$ 语法，*exp* 非终结符有 5 个备选项，因而对应的 match 项有 5 种情形，每种情形下的模式对应于语法规则的右侧。例如，模式 BinOp(e1, Add(), e2) 对应于右侧的 BinOp(*exp*, Add(), *exp*)。在将语法转换为模式时，需用所选择的模式变量（如 e1 和 e2）替换 *exp* 等非终结符。

1.4 递归函数

程序本质上是递归的。例如，一个表达式通常由更小的表达式组成。因此，处理整个程序的自然方法是使用递归函数。作为递归函数的第一个例子，我们定义函数 is_exp，如图 1.3 所示，该函数取任意一个值并判断它是否是 $\mathcal{L}_{\text{Int}}$ 中的表达式。如果函数是使用与语法匹配情形相对应的序列定义的，并且每个 case 用例的主体对每个子节点进行递归调用,那么我们就说函数是通过结构化递归定义的。⊖我们定义了第二个名为 `is_stmt` 的函数,该函数用于识别值是否为一个 $\mathcal{L}_{\mathrm{Int}}$ 中的语句。最后,在图 1.3 中包含了 `is_Lint` 的定义,它判定 AST 是否为 $\mathcal{L}_{\mathrm{Int}}$ 语言的程序。一般来说,我们可以编写一个递归函数来处理语法中的每个非终结符。在图底部的两个例子中,第一个是 $\mathcal{L}_{\mathrm{Int}}$ 中的语句,第二个不是。

```
def is_exp(e):
  match e:
    case Constant(n):
      return True
    case Call(Name('input_int'), []):
      return True
    case UnaryOp(USub(), e1):
      return is_exp(e1)
    case BinOp(e1, Add(), e2):
      return is_exp(e1) and is_exp(e2)
    case BinOp(e1, Sub(), e2):
      return is_exp(e1) and is_exp(e2)
    case _:
      return False

def is_stmt(s):
  match s:
    case Expr(Call(Name('print'), [e])):
      return is_exp(e)
    case Expr(e):
      return is_exp(e)
    case _:
      return False

def is_Lint(p):
  match p:
    case Module(body):
      return all([is_stmt(s) for s in body])
    case _:
      return False

print(is_Lint(Module([Expr(ast1_1)])))
print(is_Lint(Module([Expr(BinOp(read, Sub(),
                     UnaryOp(Add(), Constant(8))))])))
```

图 1.3 $\mathcal{L}_{\mathrm{Int}}$ 语言递归函数示例,这些函数识别 AST 是否在 $\mathcal{L}_{\mathrm{Int}}$ 中

1.5 解释器

程序的行为是由编程语言的规范定义的,例如,Python 语言是在 Python 语言参考(Python Software Foundation 2021b)和 CPython 解释器(Python Software

---

⊖ 这种根据数据定义构建代码的原则是 Felleisen 等人的《程序设计方法》(2001)所提倡的。

Foundation 2021a）中定义的。在本书中，我们使用解释器说明所考虑的每种语言。被指定为语言定义的解释器被称为定义性解释器（Reynolds 1972）。我们通过为 $\mathcal{L}_{\mathrm{Int}}$ 语言创建一个定义性解释器来热身。这个解释器是结构化递归的第二个例子。`interp_Lint` 函数的定义如图 1.4 所示。函数体匹配 Module 的 AST 节点，然后对模块中的每个语句调用 `interp_stmt`。`interp_stmt` 函数包含 *stmt* 非终结符的每个语法项所对应情形的处理，它在每个子表达式上调用 `interp_exp`。`interp_exp` 函数包含 *exp* 非终结符的每个语法项所对应情形的处理。我们还使用了几个辅助函数，如 `add64` 和 `input_int` 等，它们在本书的支持代码中定义。

```
def interp_exp(e):
    match e:
        case BinOp(left, Add(), right):
            l = interp_exp(left); r = interp_exp(right)
            return add64(l, r)
        case BinOp(left, Sub(), right):
            l = interp_exp(left); r = interp_exp(right)
            return sub64(l, r)
        case UnaryOp(USub(), v):
            return neg64(interp_exp(v))
        case Constant(value):
            return value
        case Call(Name('input_int'), []):
            return input_int()

def interp_stmt(s):
    match s:
        case Expr(Call(Name('print'), [arg])):
            print(interp_exp(arg))
        case Expr(value):
            interp_exp(value)

def interp_Lint(p):
    match p:
        case Module(body):
            for s in body:
                interp_stmt(s)
```

图 1.4　$\mathcal{L}_{\mathrm{Int}}$ 语言的解释器

让我们考虑一下解释运行几个 $\mathcal{L}_{\mathrm{Int}}$ 程序得到的结果。下面的程序将两个整数相加：

`print(10 + 32)`

结果是 42——这是对于生命、宇宙和万物的答案！○我们用具体语法编写这个程序，而分析后的抽象语法是

○ 出自《银河系漫游指南》，Douglas Adams 著。

```
Module([Expr(Call(Name('print'),
              [BinOp(Constant(10), Add(), Constant(32))]))])
```

下面的程序演示了表达式可以彼此嵌套，在这个例子中嵌套了几个加法和取负：

```
print(10 + -(12 + 20))
```

这个程序的结果是什么？

$\mathcal{L}_{\text{Int}}$ 语言的最后一个特性——input_int 操作——会提示程序的用户输入整数。回想一下，规则（1.1）请求输入一个整数，然后减去 8。如果我们运行

```
interp_Lint(Module([Expr(Call(Name('print'), [ast1_1]))]))
```

当输入是 50 时，输出是 42。

我们在 $\mathcal{L}_{\text{Int}}$ 语言中包含了 input_int 操作，这样聪明的学生就不必为 $\mathcal{L}_{\text{Int}}$ 语言再实现某一个解释器，该解释器只是在编译过程中运行以便获得输出，同时生成琐碎的代码用来产生输出。⊖

编译器的工作是将一种语言的程序翻译成另一种语言的程序，以便输出程序的行为与输入程序相同。这个想法如规则（1.8）所示。假设有两种语言 $\mathcal{L}_1$ 和 $\mathcal{L}_2$，以及每种语言的可定义解释器。给定一个编译器将语言 $\mathcal{L}_1$ 翻译成 $\mathcal{L}_2$，并且给定语言 $\mathcal{L}_1$ 中的任何程序 P_1，编译器必须将其翻译成某个程序 P_2，以便在各自的解释器上对相同的输入 i，程序 P_1 和 P_2 产生相同的输出 o。

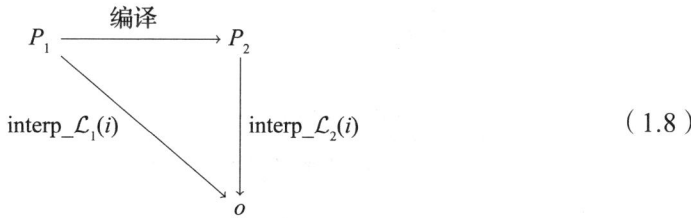

（1.8）

我们建立起这样的约定：如果在定义性解释器上运行程序时产生错误，则该程序的含义是未指定的，除非引发的异常是一个 TrappedError。该语言的编译器对于具有未指明行为的程序没有义务；它不需要生成一个可执行文件，如果生成了，这个可执行文件可以做任何事情。另一方面，如果错误是 TrappedError，那么编译器必须生成一个可执行文件，并且需要报告发生了错误。若要发出错误信号，请使用返回码 255 退出。第 10 章和第 11 章以及 7.9 节中的解释器使用了

⊖ 是的，聪明的学生在这门课的第一个实例中做到了！

TrappedError。

在下一节中，我们将看到编译器的第一个实例。

1.6 编译器示例：部分求值器

在本节中，我们探讨一种编译器，它可以将 $\mathcal{L}_{\text{Int}}$ 语言程序翻译成可能更高效的 $\mathcal{L}_{\text{Int}}$ 程序。编译器尽早地计算程序中不依赖于任何输入的部分，这个过程被称为部分求值（Jones, Gomard, and Sestoft 1993）。例如，给定下面的程序：

```
print(input_int() + -(5 + 3) )
```

我们的编译器将其翻译成程序：

```
print(input_int() + -8)
```

图 1.5 给出了 $\mathcal{L}_{\text{Int}}$ 语言的一个简单的部分求值器的代码。部分求值器的输出是 $\mathcal{L}_{\text{Int}}$ 语言中的程序。在图 1.5 中，*exp* 上的结构化递归是在 `pe_exp` 函数中捕获的，而部分取负和加法操作的代码则分解到三个辅助函数中：`pe_neg`、`pe_add` 和 `pe_sub`。这些函数的输入是子函数部分求值的输出。`pe_neg`、`pe_add` 和 `pe_sub` 三个函数检查它们的参数是否为整数，如果是整数，则执行相应的算术操作；否则，它们将为算术运算创建 AST 节点。

```
def pe_neg(r):
  match r:
    case Constant(n):
      return Constant(neg64(n))
    case _:
      return UnaryOp(USub(), r)

def pe_add(r1, r2):
  match (r1, r2):
    case (Constant(n1), Constant(n2)):
      return Constant(add64(n1, n2))
    case _:
      return BinOp(r1, Add(), r2)

def pe_sub(r1, r2):
  match (r1, r2):
    case (Constant(n1), Constant(n2)):
      return Constant(sub64(n1, n2))
    case _:
      return BinOp(r1, Sub(), r2)
```

图 1.5 $\mathcal{L}_{\text{Int}}$ 语言的一个部分求值器

```
def pe_exp(e):
  match e:
    case BinOp(left, Add(), right):
      return pe_add(pe_exp(left), pe_exp(right))
    case BinOp(left, Sub(), right):
      return pe_sub(pe_exp(left), pe_exp(right))
    case UnaryOp(USub(), v):
      return pe_neg(pe_exp(v))
    case Constant(value):
      return e
    case Call(Name('input_int'), []):
      return e

def pe_stmt(s):
  match s:
    case Expr(Call(Name('print'), [arg])):
      return Expr(Call(Name('print'), [pe_exp(arg)]))
    case Expr(value):
      return Expr(pe_exp(value))

def pe_P_int(p):
  match p:
    case Module(body):
      new_body = [pe_stmt(s) for s in body]
      return Module(new_body)
```

图 1.5　$\mathcal{L}_{\text{Int}}$ 语言的一个部分求值器（续）

为了验证部分求值器的正确性，可以测试它是否产生与输入程序产生相同结果的程序。也就是说，我们可以检验它是否满足规则（1.8）。

习题 1.1　用 $\mathcal{L}_{\text{Int}}$ 语言创建三个程序，先用 pe_Lint 对程序进行部分求值，然后再用 interp_Lint 解释器计算，验证它们与直接用 interp_Lint 解释器计算所得结果是否相同。

第 2 章

Essentials of Compilation: An Incremental Approach in Python

整数与变量

本章介绍将 Python 语言的一个子集编译为 x86-64 汇编代码（Intel 2015）。这个名为 $\mathcal{L}_{\text{Var}}$ 的子集语言包括整数算术运算和局部变量。通常将 x86-64 汇编简称为 x86。本章首先描述 $\mathcal{L}_{\text{Var}}$ 语言（2.1 节），然后介绍 x86 汇编（2.2 节）。由于 x86 汇编语言内容很多，我们这里将只讨论编译 $\mathcal{L}_{\text{Var}}$ 语言所需要的指令，并将在后面的章节中介绍更多的 x86 指令。在介绍了 $\mathcal{L}_{\text{Var}}$ 和 x86 语言之后，我们对比了它们之间的差异，并制定了一个方案，将从 $\mathcal{L}_{\text{Var}}$ 语言到 x86 汇编语言的转换分解成了几个步骤（2.3 节）。本章的其余部分给出了实现每个步骤的详细要点。我们的目标是提供充足的建议，以便让准备充分的读者在短时间内实现从 $\mathcal{L}_{\text{Var}}$ 语言到 x86 汇编语言的编译器。至于第一个编译器的规模，我们注意到 $\mathcal{L}_{\text{Var}}$ 编译器的指导性解决方案大约有 300 行代码。

2.1 $\mathcal{L}_{\text{Var}}$ 语言

$\mathcal{L}_{\text{Var}}$ 语言用变量扩展了 $\mathcal{L}_{\text{Int}}$ 语言。$\mathcal{L}_{\text{Var}}$ 语言的具体语法定义如图 2.1 所示，抽象语法如图 2.2 所示。非终结符 *var* 可以是任何 Python 标识符。与 $\mathcal{L}_{\text{Int}}$ 语言中一样，`input_int` 是一个零元操作符，"-"是一个一元操作符，"+"是一个二元操作符。与 $\mathcal{L}_{\text{Int}}$ 语言类似，$\mathcal{L}_{\text{Var}}$ 语言的抽象语法包括 `Module` 实例来标记程序的顶部。尽管 $\mathcal{L}_{\text{Var}}$ 语言很简单，但它对展示几种编译技术而言已经足够丰富了。

$\mathcal{L}_{\text{Var}}$ 语言包括一个赋值语句，该语句定义一个变量以供以后的语句使用，并用表达式的值初始化该变量值。赋值的抽象语法定义在图 2.2 中。赋值的具体语法是：

var = *exp*

例如，下面的程序将变量 x 初始化为 32，然后输出 10 + x 的结果，得到 42。

```
x = 12 + 20
print(10 + x)
```

```
exp   ::=  int | input_int() | - exp | exp + exp | exp - exp | (exp)
stmt  ::=  print(exp) | exp
exp   ::=  var
stmt  ::=  var = exp
L_Var ::=  stmt*
```

图 2.1　$\mathcal{L}_{\text{Var}}$ 语言的具体语法

```
exp   ::=  Constant(int) | Call(Name('input_int'),[])
       |   UnaryOp(USub(),exp) | BinOp(exp,Add(),exp)
       |   BinOp(exp,Sub(),exp)
stmt  ::=  Expr(Call(Name('print'),[exp])) | Expr(exp)
exp   ::=  Name(var)
stmt  ::=  Assign([Name(var)], exp)
L_Var ::=  Module(stmt*)
```

图 2.2　$\mathcal{L}_{\text{Var}}$ 语言的抽象语法

2.1.1　通过方法覆盖来扩展解释器

为了准备讨论 $\mathcal{L}_{\text{Var}}$ 语言的解释器，我们首先解释一下为什么以面向对象的风格去实现它。在本书中，我们定义了许多解释器，所研究的每种语言都有一个解释器。因为每种语言都建立在前一种语言的基础之上，所以这些解释器之间有很多共同点。我们只想把解释器的公共部分写一次而不是写很多次。简单的 $\mathcal{L}_{\text{Var}}$ 语言解释器将处理语言中变量的情形，但其他情形将会分派给 $\mathcal{L}_{\text{Int}}$ 解释器处理。下面的代码就描述了这个想法（我们会在 2.1.2 节中解释 env 参数）。

```
def interp_Lint(e, env):              def interp_Lvar(e, env):
  match e:                              match e:
    case UnaryOp(USub(), e1):             case Name(id):
      return - interp_Lint(e1, env)         return env[id]
    ...                                   case _:
                                            return interp_Lint(e, env)
```

这种直接扩展方法的问题在于，它不能处理 $\mathcal{L}_{\text{Var}}$ 语言特性（如变量）嵌套在 $\mathcal{L}_{\text{Int}}$ 语言特性（如"-"操作符）中的情况，如下面的程序所示：

```
y = 10
print(-y)
```

如果我们对这个程序调用 interp_Lvar，它会分派 interp_Lint 来处理"-"操作符，但随后它会对其参数再次递归调用 interp_Lint。因为在 interp_Lint 中没有对 Name 情形的处理，从而产生错误！

为了使我们的解释器是可扩展的，需要一种称为开放递归的东西，其中递归节点的联结被推迟到函数组合之后。面向对象语言通过方法覆盖提供开放递归。应用 Python 中类的定义，下面的代码使用方法重写来解释 $\mathcal{L}_{\text{Int}}$ 和 $\mathcal{L}_{\text{Var}}$ 语言。我们为每种语言定义一个类，并且定义一个方法来解释每个类中的表达式。$\mathcal{L}_{\text{Var}}$ 语言的类继承自 $\mathcal{L}_{\text{Int}}$ 语言的类，并且 $\mathcal{L}_{\text{Var}}$ 语言的 interp_exp 方法覆盖了 $\mathcal{L}_{\text{Int}}$ 语言的 interp_exp。注意，默认情况下，$\mathcal{L}_{\text{Var}}$ 语言类的 interp_exp 使用 super 保留字来调用 $\mathcal{L}_{\text{Int}}$ 类的 interp_exp，因为 $\mathcal{L}_{\text{Var}}$ 语言类继承自 $\mathcal{L}_{\text{Int}}$ 语言的类，所以 super 调用会分派给 $\mathcal{L}_{\text{Int}}$ 类的 interp_exp。

```
class InterpLint:
  def interp_exp(e):
    match e:
      case UnaryOp(USub(), e1):
        return neg64(self.interp_exp(e1))
      ...
```

```
def InterpLvar(InterpLint):
  def interp_exp(e):
    match e:
      case Name(id):
        return env[id]
      case _:
        return super().interp_exp(e)
  ...
```

我们回到前面引起麻烦的例子，重复如下：

```
y = 10
print(-y)
```

通过创建 $\mathcal{L}_{\text{Var}}$ 语言类的一个对象并调用 interp_exp 方法，我们可以在 "-y" 表达式（我们称之为 e0）上调用 $\mathcal{L}_{\text{Var}}$ 语言类的 interp_exp 方法：

```
InterpLvar().interp_exp(e0)
```

为了处理 "-" 操作符，$\mathcal{L}_{\text{Var}}$ 语言对应类中的默认情况 interp_exp 被分派到 $\mathcal{L}_{\text{Int}}$ 语言类中的 interp_exp 方法。但是对于递归方法调用，它分派到 $\mathcal{L}_{\text{Var}}$ 语言类的 interp_exp，在 $\mathcal{L}_{\text{Var}}$ 语言类的 Name 节点会被正确处理。因此，方法覆盖为我们提供了开放递归，而开放递归使得我们能以可扩展的方式实现语言的解释器。

2.1.2 $\mathcal{L}_{\text{Var}}$ 的定义性解释器

在证明了使用类和方法可实现语言解释器之后，我们重新审视图 2.3 所示的 $\mathcal{L}_{\text{Int}}$ 语言的定义性解释器，然后扩展它来创建 $\mathcal{L}_{\text{Var}}$ 语言的解释器，如图 2.4 所示。我们修改了 $\mathcal{L}_{\text{Int}}$ 语言解释器中的 interp_stmt 方法，使其接受两个额外的参数 env 和 cont，cont 是程序中特定点之后的技术名称。cont 参数是当前语句后面的语句列表。注意，interp_stmts 在第一个语句中调用 interp_stmt，并将其余语句作为

cont 的参数传递。这种组织使每个语句能够决定在它的后面应该计算什么，例如，允许 return 语句提前退出函数（参见第 8 章）。

```
class InterpLint:
  def interp_exp(self, e, env):
    match e:
      case BinOp(left, Add(), right):
        l = self.interp_exp(left, env)
        r = self.interp_exp(right, env)
        return add64(l, r)
      case BinOp(left, Sub(), right):
        l = self.interp_exp(left, env)
        r = self.interp_exp(right, env)
        return sub64(l, r)
      case UnaryOp(USub(), v):
        return neg64(self.interp_exp(v, env))
      case Constant(value):
        return value
      case Call(Name('input_int'), []):
        return int(input())

  def interp_stmt(self, s, env, cont):
    match s:
      case Expr(Call(Name('print'), [arg])):
        val = self.interp_exp(arg, env)
        print(val, end='')
        return self.interp_stmts(cont, env)
      case Expr(value):
        self.interp_exp(value, env)
        return self.interp_stmts(cont, env)
      case _:
        raise Exception('error in interp_stmt, unexpected ' + repr(s))

  def interp_stmts(self, ss, env):
    match ss:
      case []:
        return 0
      case [s, *ss]:
        return self.interp_stmt(s, env, ss)

  def interp(self, p):
    match p:
      case Module(body):
        self.interp_stmts(body, {})

def interp_Lint(p):
  return InterpLint().interp(p)
```

图 2.3　作为类的 $\mathcal{L}_{\mathrm{Int}}$ 语言解释器

```
class InterpLvar(InterpLint):
  def interp_exp(self, e, env):
    match e:
      case Name(id):
```

图 2.4　$\mathcal{L}_{\mathrm{Var}}$ 语言的解释器

```
        return env[id]
      case _:
        return super().interp_exp(e, env)

  def interp_stmt(self, s, env, cont):
    match s:
      case Assign([Name(id)], value):
        env[id] = self.interp_exp(value, env)
        return self.interp_stmts(cont, env)
      case _:
        return super().interp_stmt(s, env, cont)

def interp_Lvar(p):
  return InterpLvar().interp(p)
```

图 2.4　$\mathcal{L}_{\text{Var}}$ 语言的解释器（续）

$\mathcal{L}_{\text{Var}}$ 语言的解释器增加了变量和赋值这两个新的情形。对于赋值，需要一种方法将绑定到变量的值传递给该变量的所有使用者。为了实现这一点，我们维护了一个从变量到值的映射，称为环境。我们使用 Python 语言的字典来表示环境。`interp_exp` 函数将当前环境 `env` 作为一个额外的参数。当解释器遇到一个变量时，它会在环境中查找相应的值。如果变量不在环境中（因为变量没有定义），那么查找将会失败，解释器将停止并出现错误。回想一下，编译器没有职责编译这样的程序（1.5 节）[⊖]。当解释器遇到赋值时，它计算初始化表达式，然后将结果值与环境中的变量关联起来。

本章的目标是实现一个编译器，它可以将任何用 $\mathcal{L}_{\text{Var}}$ 语言编写的程序 P_1 翻译成 x86 汇编程序 P_2，使 P_2 在计算机上运行时表现出与用 `interp_Lvar` 解释的 P_1 程序相同的行为。也就是说，它们输出相同的整数 n。我们在下面的图中描述了这个正确性准则。

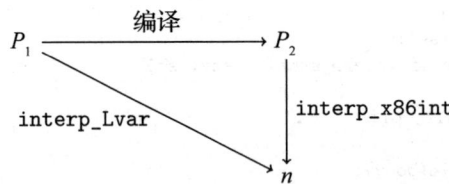

接下来我们介绍 x86 汇编语言的子集 x86$_{\text{Int}}$，它足以完成 $\mathcal{L}_{\text{Var}}$ 语言编译。

2.2　x86$_{\text{Int}}$ 汇编语言

x86$_{\text{Int}}$ 汇编语言的具体语法的定义如图 2.5 所示。我们使用 GNU 汇编器所使用的 AT&T 语法。程序以一个 `main` 标签开始，后面跟着一串指令。`globl` 指令使主过

⊖ 在第 5 章中，我们将介绍类型检查规则以禁止访问未定义的变量。

程在外部是可见的，以便操作系统可以调用它。x86 的程序存储在计算机的内存中。就我们的目的而言，计算机的内存可被看作 64 位地址到 64 位值上的映射。计算机在 `rip` 寄存器中有一个程序计数器（PC），它指向下一条要执行的指令的地址。对于大多数指令，程序计数器在指令执行后递增，以便指向内存中的下一条指令。大多数 x86 指令接受两个操作数，每个操作数可能是一个整数常量（称为立即值）、一个寄存器或一个内存位置。

寄存器是一种可保存 64 位值的特殊变量。计算机中有 16 个通用寄存器，它们的名称见图 2.5。寄存器是用百分号"%"和跟在后面的名称来表示的，例如 `%rax`。

```
reg    ::= rsp | rbp | rax | rbx | rcx | rdx | rsi | rdi |
           r8 | r9 | r10 | r11 | r12 | r13 | r14 | r15
arg    ::= $int | %reg | int(%reg)
instr  ::= addq arg,arg | subq arg,arg | negq arg | movq arg,arg |
           callq label | pushq arg | popq arg | retq
x86_Int ::= .globl main
           main: instr*
```

图 2.5 $x86_{Int}$ 汇编语言语法（AT&T 语法）

立即值使用符号 $\$n$ 写入，其中 n 是整数。使用语法 $n(\%r)$ 来指定对内存的访问，它获取存储在寄存器 r 中的地址，指向该地址增加 n 个字节处的内存。结果地址会被用于加载或存储到内存，这取决于它是作为指令的源参数还是目的参数出现。

算术指令 `addq` s, d，从源 s 和目的 d 中取出值，进行算术运算，然后将结果写入目的地址 d 中。传送指令 `movq` s, d，从 s 中读取，并将结果传送到 d 中。调用指令 `callq` $label$，指令跳转到标签 $label$ 指定的过程，`retq` 从一个过程返回到它的调用者。我们将在本章和第 8 章进一步详细讨论过程调用。指令中最后一个字母 q 表示这些指令操作是四字节的，即 64 位值。

附录中包含本书使用的所有 x86 汇编指令的参考说明。

图 2.6 描述了一个计算 10+32 的 x86 汇编程序。指令 `movq $10, %rax` 将 10 传送到寄存器 `rax`，然后 `addq $32, %rax` 将 32 与 `rax` 中的 10 相加，并将结果 42 放入 `rax` 中。最后一条指令 `retq` 通过将 `rax` 的整数返回给操作系统来完成 `main` 函数。操作系统将这个整数解释为程序的退出码。按照惯例，退出码为 0 表示程序成功完成，而所有其他退出码则表示各种错误。

```
        .globl main
main:
        movq  $10, %rax
        addq  $32, %rax
        retq
```

图 2.6　计算 10 + 32 的 x86 汇编程序

在下一个例子中,我们将展示如何使用内存来存储中间结果。图 2.7 给出了一个计算 52+-10 的 x86 汇编程序。这个程序使用一个称为过程调用栈(简称栈)的内存区域。栈包含了每个过程调用的单独帧,单个帧的内存布局如图 2.8 所示。寄存器 rsp 称为栈指针,它包含栈顶部项的地址。通常,我们用术语指针指代包含某个东西的地址。栈在内存中向下增长,因此我们通过将栈指针减去一个值来增加栈的大小。在过程调用的上下文中,返回地址是指紧随调用指令后的指令在调用程序中的位置。函数调用指令 callq 在跳转到过程之前将返回地址压入栈。寄存器 rbp 是基指针,用于访问存储在当前过程调用帧中的变量。调用者的基指针存储在返回地址之后。图 2.8 显示了存储 n 个变量的帧的内存布局,变量从 1 到 n 编号。变量 1 存储在地址 -8 (%rbp),变量 2 存储在地址 -16 (%rbp),以此类推。

```
        .globl main
main:
        pushq   %rbp
        movq    %rsp, %rbp
        subq    $16, %rsp
        movq    $10, -8(%rbp)
        negq    -8(%rbp)
        movq    -8(%rbp), %rax
        addq    $52, %rax
        addq    $16, %rsp
        popq    %rbp
        retq
```

图 2.7　计算 52 + −10 的 x86 汇编程序

位置	内容
8(%rbp)	返回地址
0(%rbp)	旧的 rbp
−8(%rbp)	变量 1
−16(%rbp)	变量 2
...	...
0(%rsp)	变量 n

图 2.8　帧的内存布局

在图 2.7 所示的程序中，我们考虑控制权如何从操作系统转移到 main 函数。操作系统发出一个 callq main 指令，将它的返回地址压入栈，然后跳转到 main。在 x86-64 中，在执行任何 callq 指令之前，栈指针 rsp 必须先是 16 字节的倍数，这样当控制到达 main 时，rsp 偏离了 8 个字节（因为 callq 推入了返回地址）。前三个指令是程序的典型起始处理。指令 pushq %rbp 首先从栈指针 rsp 中减去 8，然后将地址为 rsp 的调用者的基指针保存在栈上。下一条指令 movq %rsp, %rbp 将基指针设置为当前栈指针，该栈指针指向旧基指针的位置。指令 subq $16, %rsp 将栈指针向下移动，以便为存储变量腾出足够的空间。这个程序需要一个变量（8 字节），但是我们向上取整到 16 字节，以便使 rsp 是 16 字节对齐的，这样我们就可以进行对其他函数的调用了。

起始处理之后的第一条指令是 movq $10, -8(%rbp)，它将值 10 存储在变量 1 中。指令 negq -8(%rbp) 会将变量 1 的内容更改为 −10。下一条指令将变量 1 中的 −10 移到 rax 寄存器中。最后，addq $52, %rax 将 52 加到 rax 中的值上，将其内容更新为 42。

main 函数的收尾部分由最后三条指令组成。前两条指令将 rsp 和 rbp 寄存器恢复到过程开始时的状态。特别地，addq $16, %rsp 将栈指针移动到指向旧基指针的位置。然后 popq %rbp 将旧的基指针恢复到 rbp 中，并在栈指针上加 8。最后一条指令 retq 跳转回调用这条指令的过程，并将栈指针加 8。

我们的编译器需要一种方便的表示来操作 x86 程序，因此我们为 x86 定义了一种抽象语法，如图 2.9 所示，我们把这种语言称为 x86$_{Int}$。它与 x86$_{Int}$ 的具体语法（图 2.5）的主要区别在于标签、指令名和寄存器名是由字符串显式表示的。关于 callq 的抽象语法，Callq 的 AST 节点包含一个整数，用于表示函数的元数，即其参数的数量，知道该值将有助于后面寄存器的分配（见第 4 章）。

```
reg     ::= 'rsp'|'rbp'|'rax'|'rbx'|'rcx'|'rdx'|'rsi'|'rdi'|
            'r8'|'r9'|'r10'|'r11'|'r12'|'r13'|'r14'|'r15'
arg     ::= Immediate(int) | Reg(reg) | Deref(reg,int)
instr   ::= Instr('addq',[arg,arg]) | Instr('subq',[arg,arg])
          | Instr('movq',[arg,arg]) | Instr('negq',[arg])
          | Instr('pushq',[arg]) | Instr('popq',[arg])
          | Callq(label,int) | Retq() | Jump(label)
x86$_{Int}$ ::= X86Program(instr*)
```

图 2.9　x86$_{Int}$ 汇编语言的抽象语法

2.3 规划 x86 汇编之旅

要将一种语言编译成另一种语言，聚焦两种语言之间的差异是非常有帮助的，因为编译器需要弥合这些差异。$\mathcal{L}_{Var}$ 语言和 x86 汇编语言之间有什么区别？下面是一些重要的不同点：

- x86 汇编语言算术指令通常有两个参数，并在执行后就地更新第二个参数。相比之下，$\mathcal{L}_{Var}$ 语言算术运算接受两个参数并产生一个新值。一条 x86 汇编指令最多只能有一个内存访问参数。此外，一些 x86 汇编指令对它们的参数有特殊的限制。
- $\mathcal{L}_{Var}$ 语言操作符的参数可以是一个深度嵌套的表达式，但 x86 汇编指令将其参数限制为整数常量、寄存器和内存位置。
- $\mathcal{L}_{Var}$ 语言中的程序可以有任意数量的变量，而 x86 汇编具有 16 个寄存器和过程调用的栈。

我们将通过分解问题为几个步骤来处理这些差异，从而应对将 $\mathcal{L}_{Var}$ 语言编译到 x86 汇编的挑战。这些步骤中的每一步都称为编译器的一遍。这个术语表示每一步都走过或遍历程序的 AST。此外，我们遵循微遍[⊖]的方法，这意味着我们力求每进行一遍完成一个明确的目标，而不是同时完成两三个目标。我们首先概述如何实现各微遍，并为每个遍命名。然后，我们确定各遍的顺序和输入/输出语言。第一遍使用 $\mathcal{L}_{Var}$ 作为其输入语言，最后一遍使用 $x86_{Int}$ 作为其输出语言。在这两遍之间，我们可以选择便于表达每遍输出的语言，无论是 $\mathcal{L}_{Var}$、$x86_{Int}$ 还是我们自己设计的新的中间语言。最后，为了实现每一个微编译遍，我们会为该遍的输入语言语法中的每一个非终结符编写一个递归函数。

我们的 $\mathcal{L}_{Var}$ 编译器由以下几个编译遍组成：

- `remove_complex_operands`（移除复杂操作数）确保原语操作或函数调用的每个子表达式都是变量或整数，即原子表达式。我们把非原子表达式称为复杂表达式。这一遍引入临时变量来保存复杂子表达式的中间结果。
- `select_instructions`（选择指令）处理 $\mathcal{L}_{Var}$ 语言操作和 x86 汇编指令之间的差异。这一遍将 $\mathcal{L}_{Var}$ 语言中的每个操作转换为完成相同任务的短指令序列。
- `assign_homes`（分配变量存储）用寄存器或栈位置替换变量。

⊖ 原文为 nanopass，后文含义明了时直接译成遍。——译者注

下一个问题是，我们应该以什么顺序应用这些编译遍进行处理？这个问题可能具有挑战性，因为很难事先知晓哪种安排更好（即更容易实现，生成更高效的代码，等等），因此，安排次序通常涉及使用试错法。然而，我们可以提前计划，并做出明智的选择。

select_instructions 和 assign_homes 这两遍是交织在一起的。在第 8 章中，我们会了解到，在 x86 汇编中寄存器用于向函数传递参数，并且最好将参数赋值给相应的寄存器。这表明，在执行寄存器分配之前，最好从 select_instructions 这遍就开始考虑此问题，生成用于传递参数的指令。另一方面，如果先选择指令，我们可能会在 assign_homes 遍陷入死胡同中。因为 x86 汇编指令只有一个参数能访问内存，但是 assign_homes 遍中可能会强制为两个参数都分配内存。一个复杂的方法是重复这两个步骤，直到找到解决方案。然而，为了降低实现的复杂性，我们建议首先进行 select_instructions 遍，然后是 assign_homes 遍，之后是第三个名为 patch_instructions 的遍，第三个遍使用保留寄存器来修复突出的问题。

图 2.10 给出了编译器各编译遍的执行顺序，并标识了每遍的输入和输出语言。select_instructions 遍的输出是 x86$_{\text{Var}}$ 语言，它使用无限作用域变量来扩展 x86$_{\text{Int}}$ 语言，并删除指令参数限制。最后一个是 prelude_and_conclusion 遍，将程序指令放入一个带有起始和收尾指令的 main 函数中。本章的剩余部分中提供了图 2.10 所示的编译器进行的各遍的实现指南。

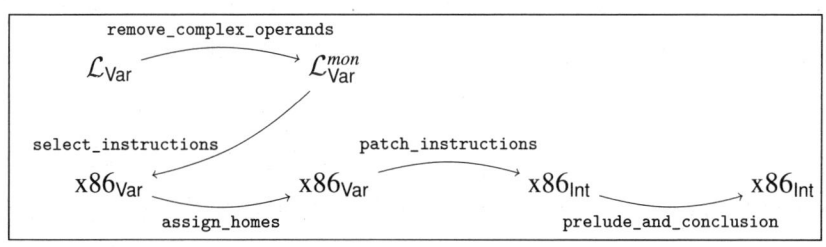

图 2.10　$\mathcal{L}_{\text{Var}}$ 语言编译各遍的示意图

2.4 移除复杂操作数

remove_complex_operands 编译遍将 $\mathcal{L}_{\text{Var}}$ 语言程序编译成一种受限制的形式，其中操作的参数是原子表达式。换句话说，此编译遍删除了复杂的操作数，例如下面程序中的表达式 -10。这是通过引入一个新的临时变量，并将复杂操作数赋值给新变量，然后使用新变量代替原来的复杂操作数来实现的，如右侧 remove_ `complex_operands` 的输出所示：

```
x = 42 + -10           tmp_0 = -10
print(x + 10)    ⇒     x = 42 + tmp_0
                       tmp_1 = x + 10
                       print(tmp_1)
```

图 2.11 显示了此编译遍的输出语法，即 $\mathcal{L}_{\mathrm{Var}}^{mon}$ 语言。它与 $\mathcal{L}_{\mathrm{Var}}$ 语言唯一的区别是操作符参数被限制为由 *atm* 非终结符定义的原子表达式。特别是，整型常量和变量都是原子的。

$$
\begin{aligned}
atm &::= \mathrm{Constant}(int) \mid \mathrm{Name}(var) \\
exp &::= atm \mid \mathrm{Call}(\mathrm{Name}(\mathtt{'input\_int'}),[\,]) \\
    &\mid \mathrm{UnaryOp}(\mathrm{USub}(),atm) \mid \mathrm{BinOp}(atm,\mathrm{Add}(),atm) \\
    &\mid \mathrm{BinOp}(atm,\mathrm{Sub}(),atm) \\
stmt &::= \mathrm{Expr}(\mathrm{Call}(\mathrm{Name}(\mathtt{'print'}),[atm])) \mid \mathrm{Expr}(exp) \\
    &\mid \mathrm{Assign}([\mathrm{Name}(var)],exp) \\
\mathcal{L}_{\mathrm{Var}}^{mon} &::= \mathrm{Module}(stmt^*)
\end{aligned}
$$

图 2.11 $\mathcal{L}_{\mathrm{Var}}^{mon}$ 是 $\mathcal{L}_{\mathrm{Var}}$ 语言，但其操作数仅限于原子表达式

原子表达式是纯粹的（它们不引起或依赖于副作用），而复杂表达式可能有副作用，例如 `Call(Name('input_int'), [])`。在纯表达式和带副作用的表达式之间有这种分离的语言被称为一元范式（Moggi 1991；Danvy 2003），这解释了名称 $\mathcal{L}_{\mathrm{Var}}^{mon}$ 中的 *mon* 的由来。`remove_complex_operands` 编译遍的一个重要不变量是，复杂表达式之间的相对顺序不会改变，但原子表达式和复杂表达式之间的相对顺序是可以改变的，而且是经常改变的。这些更改是行为保持的，因为原子表达式是纯粹的。

我们建议这一编译遍使用一个名为 `rco_exp` 的辅助方法来实现，该方法带有两个参数：一个 $\mathcal{L}_{\mathrm{Var}}$ 语言的表达式和一个指定表达式是否需要变成原子量的布尔值。`rco_exp` 方法应该返回一个由新表达式和元组对的列表组成的对，元组对将新的临时变量与其初始化表达式关联起来。

返回到带有表达式 `42 + -10` 的示例程序，子表达式 `-10` 应该使用 `rco_exp` 函数处理，第二个参数为 `True`，因为 `-10` 是 `+` 操作符的一个参数，因此需要变成原子量。`rco_exp` 应用于 `-10` 时的输出如下所示：

```
-10        ⇒     tmp_1
                 [(tmp_1, -10)]
```

要特别注意将原子表达式赋值给变量的程序，例如下面的程序。处理时应该保

持这些赋值不变，如下面右侧的程序所示：

```
a = 42                    a = 42
b = a          ⇒          b = a
print(b)                  print(b)
```

粗心的实现可能会产生以下带有不必要临时变量的输出。

```
tmp_1 = 42
a = tmp_1
tmp_2 = a
b = tmp_2
print(b)
```

习题 2.1 在 compiler.py 中实现 remove_complex_operands 编译遍，为语法中的每个非终结符创建辅助函数，即 rco_exp 和 rco_stmt。建议使用 utils.generate_name() 函数从存根 stub 字符串生成新的名称。

习题 2.2 创建 5 个 $\mathcal{L}_{\text{Var}}$ 语言程序来执行 remove_complex_operands 编译遍中最有趣的部分。这五个程序应该放在子目录 tests/var 中，文件名应该以文件扩展名 .py 结尾。运行支持代码中的 run-tests.py 脚本，检查输出程序是否产生与输入程序相同的结果。

2.5 选择指令

在 select_instructions 编译遍中，我们开始将程序翻译为 x86$_{\text{Var}}$ 语言。这一遍的目标语言是仍然使用变量的 x86 汇编的一种变体，因此我们将形式为 Name(*var*) 的 AST 节点添加到 x86$_{\text{Int}}$ 抽象语法的非终结符 *arg* 中（图 2.9）。我们建议为非终结符 *stmt* 实现一个名为 select_stmt 的辅助函数。

接下来考虑 *stmt* 非终结符的情况，先从算术运算开始。例如，考虑下面左边的加法操作（设 arg_1 和 arg_2 分别为 atm_1 和 atm_2 对应的翻译）。在 x86 汇编中有一个 addq 指令，但是它执行时会就地更新。因此，我们可以将 arg_1 移动到 rax 寄存器中，然后将 arg_2 值加到 rax 中，最后将 rax 值传送到 *var* 中。

$$var = atm_1 + atm_2 \quad \Rightarrow \quad \begin{array}{l} \text{movq } arg_1, \text{ \%rax} \\ \text{addq } arg_2, \text{ \%rax} \\ \text{movq \%rax}, var \end{array}$$

然而，通过精心设计，我们就可以生成更短的指令序列。假设加法运算的一个或多个参数与赋值运算的左侧相同。那么，可以将赋值语句翻译成单个 addq 指令，如下所示：

$$var = atm_1 + var \quad \Rightarrow \quad \text{addq } arg_1, var$$

另一方面，如果 atm_2 与左边的变量不同，那么我们可以将 arg_1 传送到左边的 var 中，然后将 arg_2 加到变量 var 中。

$$var = atm_1 + atm_2 \quad \Rightarrow \quad \begin{array}{l} \text{movq } arg_1, var \\ \text{addq } arg_2, var \end{array}$$

`input_int` 操作在 x86 汇编中没有直接对应的操作，因此我们在用 C 编写的文件 `runtime.c` 中通过 `read_int` 函数提供了该功能（Kernighan and Ritchie 1988）。通常，我们将此文件中的所有功能称为运行时系统，或者简称为运行时。在编译生成 x86 汇编代码时，需要将 `runtime.c` 编译为 `runtime.o`（一个目标文件，使用带有选项 `-c` 的 gcc 编译），并将其链接到可执行文件中。出于代码生成的目的，所需要做的就是将 `input_int` 的赋值转换为对 `read_int` 函数的调用，然后将 `rax` 中的值移到左侧变量（函数的返回值放在寄存器 `rax` 中）。

$$var = \text{input\_int}(); \quad \Rightarrow \quad \begin{array}{l} \text{callq read\_int} \\ \text{movq \%rax}, var \end{array}$$

类似地，我们将打印操作（如下所示）翻译为对 `runtime.c` 中定义的 `print_int` 函数的调用。在 x86 汇编中，函数的前六个参数在寄存器中传递，第一个参数是在寄存器 `rdi` 中传递的。因此，我们将 arg 传送到 `rdi` 中，然后使用 `callq` 指令调用 `print_int`。

$$\text{print}(atm) \quad \Rightarrow \quad \begin{array}{l} \text{movq } arg, \text{\%rdi} \\ \text{callq print\_int} \end{array}$$

我们建议使用函数 `utils.label_name` 将字符串转换为标签，例如，在 `callq` 指令的目标生成中。这种做法使编译器在 Linux 和 Mac OS X 之间可移植，它需要在所有标签前面加上下划线。

习题 2.3　在 `compiler.py` 中实现 `select_instructions` 编译遍。创建三个新的示例程序，用于练习本节中全部有趣的案例。运行 `run-tests.py` 脚本，检查输出程序是否产生与输入程序相同的结果。

2.6　分配变量存储

`assign_homes` 编译遍将 x86$_{\text{Var}}$ 程序编译为不再使用程序变量的 x86$_{\text{Var}}$ 程序。因此，`assign_homes` 编译遍负责将所有程序变量放入寄存器或栈中。为了提高运行时效率，最好将变量放在寄存器中，但由于只有 16 个寄存器，一些程序必须将一些变量放在栈中。在本章中，我们将重点讨论在栈上放置变量的机制。在第 4 章中，我们研究了一个在寄存器中放置变量的算法。

再次考虑 2.4 节中的 $\mathcal{L}_{\text{Var}}$ 程序：

```
a = 42
b = a
print(b)
```

`select_instructions` 编译遍的输出在左边，`assign_homes` 遍的输出在右边。在本例中，我们将变量 a 分配给栈位置 -8(%rbp)，将变量 b 分配给位置 -16(%rbp)。

```
movq $42, a                      movq $42, -8(%rbp)
movq a, b              ⇒         movq -8(%rbp), -16(%rbp)
movq b, %rax                     movq -16(%rbp), %rax
```

`assign_homes` 编译遍应该用栈位置替换变量的所有使用。计算出帧的大小（以字节为单位），并将其存储在 `X86Program` 节点的字段 `stack_space` 中，这将便于把变量赋值到栈位置的处理，稍后需要以此生成 main 过程的收尾部分。x86-64 汇编的标准要求帧大小是 16 字节的倍数。

习题 2.4 在 `compiler.py` 中实现 `assign_homes` 编译遍，为 x86$_{\text{Var}}$ 语法中的每个非终结符定义辅助函数。我们建议辅助函数接受一个额外的参数，将变量名映射到存储中（现在是栈位置）。运行 `run-tests.py` 脚本，检查输出程序是否产生与输入程序相同的结果。

2.7 修补指令

`patch_instructions` 编译遍将从 x86$_{\text{Var}}$ 语言翻译到 x86$_{\text{Int}}$ 语言，确保每条指令都遵守一条指令最多只能有一个参数是内存引用的限制。

我们再回到下面的例子。

```
a = 42
b = a
print(b)
```

`assign_homes` 编译遍将产生以下翻译结果：

```
movq $42, -8(%rbp)
movq -8(%rbp), -16(%rbp)
movq -16(%rbp), %rdi
callq print_int
```

第二个 `movq` 指令是有问题的，因为两个参数都是栈的位置。我们建议通过从源位置移动到寄存器 `rax`，然后从 `rax` 移动到目标位置来解决此问题，如下所示。

```
movq -8(%rbp), %rax
movq %rax, -16(%rbp)
```

还有一个类似的极端情况也需要处理。如果一个参数是大于 2^{16} 的立即整数，而另一个参数是内存引用，则该指令无效。可以这样解决此问题，例如，首先将立即整数移动到 `rax` 中，然后使用 `rax` 代替整数。

习题 2.5 实现在 `compiler.py` 中的 `patch_instructions` 编译遍。创建三个新的示例程序，用于练习本节中全部有趣的案例。运行 `run-tests.py` 脚本，检查输出程序是否产生与输入程序相同的结果。

2.8 生成起始和收尾代码

编译器从 $\mathcal{L}_{\mathrm{Var}}$ 语言到 x86 汇编的最后一步是生成 `main` 函数，并将起始和收尾代码包裹在程序的其余部分中，如图 2.7 所示，具体做法已经在 2.2 节中讨论过。

当在 Mac OS X 上运行时，编译器应该在所有标签前加上下划线（例如，将 `main` 更改为 `_main`）。Python 语言的 `platform.system` 函数会返回 'Linux'、'Windows' 或 'Darwin'（对于 Mac 系统）。

习题 2.6 在 `compiler.py` 中实现 `prelude_and_conclusion` 编译遍。运行 `run-tests.py` 脚本，检查输出程序是否产生与输入程序相同的结果。该脚本通过调用 `repr` 方法将生成的 x86 汇编的 AST 转换为字符串，`repr` 方法是由 `x86_ast.py` 中的 x86 汇编语言的 AST 类实现的。

2.9 挑战：$\mathcal{L}_{\mathrm{Var}}$ 的部分求值器

本节描述两个可选的具有挑战性的练习，它们涉及调整和改进 1.6 节中介绍的 $\mathcal{L}_{\mathrm{Int}}$ 语言的部分求值器。

习题 2.7 调整 1.6 节（图 1.5）中的部分求值器，使其适用于 $\mathcal{L}_{\mathrm{Var}}$ 程序而不仅是 $\mathcal{L}_{\mathrm{Int}}$ 程序。回想一下，$\mathcal{L}_{\mathrm{Var}}$ 语言将变量和赋值添加到 $\mathcal{L}_{\mathrm{Int}}$ 语言中，因此需要在 `pe_exp` 和 `pe_stmt` 函数中添加相应情形的处理。完成后，将部分求值编译遍添加到编译器的前端，并检查编译器是否仍然能通过所有测试。

习题 2.8 通过将 `pe_neg` 和 `pe_add` 辅助函数替换为更通晓算术的函数来改进部分求值器。例如，部分求值器需要将

```
1 + (input_int() + 1)
```

翻译为

```
2 + input_int()
```

要做到这一点，`pe_exp` 函数应该以下面语法的非终结符 *residual* 的形式产生输出。其思想是，在处理加法表达式时，我们总是可以生成以下情况之一：整数常数，左边有整数常数但右边没有整数常数的加法表达式，或者两个子表达式都不是常数的加法表达式。

inert ::= *var* | input_int() | -*var* | -input_int() | *inert* + *inert*
residual ::= *int* | *int* + *inert* | *inert*

`pe_add` 和 `pe_neg` 函数可以假定它们的输入是 *resdiual* 表达式，并且它们应该返回 *resdiual* 表达式。完成改进后，确保编译器仍然能够通过所有的测试。毕竟，如果生成不正确的结果，更快的代码也是无用的！

第 3 章
Essentials of Compilation: An Incremental Approach in Python

语法分析

在本章中，我们学习如何使用 Lark 解析器框架（Shinan 2020）将 $\mathcal{L}_{\text{Int}}$（字符序列）的具体语法翻译为 AST，然后使用 Lark 为 $\mathcal{L}_{\text{Var}}$ 创建解析器。我们还描述了 Lark 内部使用的解析算法，研究了 Earley（1970）和 LALR（1）算法（DeRemar 1969；Anderson，Eve，and Horning 1973）。

像 Lark 这样的解析器框架接受具体语法的规格描述和输入程序，并生成解析树。尽管解析器框架为我们完成了大部分工作，但正确使用解析器框架需要一些知识。特别是，我们必须了解其规格描述语言，必须学习如何处理语言规范中的歧义。此外，一些算法，如 LALR（1），对它们可以处理的语法设置了限制，在这种情况下，了解算法有助于尝试破译错误消息。

解析过程传统上分为两个阶段：词法分析（也称为扫描）和语法分析（也称为解析）。词法分析阶段将字符序列翻译为记号序列，记号即由几个字符组成的单词。解析阶段将记号组织成解析树，该解析树捕获记号如何与语言的语法规则匹配。将解析过程划分为两个阶段的原因是可以使用更快但功能较弱的算法进行词法分析，以及使用较慢但功能更强的算法进行语法分析。我们在本章使用的 Lark 解析器框架包括词法分析器和解析器。下一节讨论词法分析，本章的其余部分讨论语法分析。

3.1 词法分析和正则表达式

Lark 产生的词法分析器将字符序列（字符串）转换为记号对象序列。例如，Lark 生成的 $\mathcal{L}_{\text{Int}}$ 语言的词法分析器（lexer）将字符串

```
'print(1 + 3)'
```

转换成如下的记号对象序列：

```
Token('PRINT', 'print')
Token('LPAR', '(')
Token('INT', '1')
```

```
Token('PLUS', '+')
Token('INT', '3')
Token('RPAR', ')')
Token('NEWLINE', '\n')
```

每个记号都包括一个类型字段（如 'INT'）和一个值的字段（如 '1'）。

遵循 lex 的传统（Lesk and Schmidt 1975），Lark 的词法分析器 lexer 的规格描述语言是每类记号的一个正则表达式。术语正则来自术语正则语言，正则语言是有限状态机可以识别的语言。正则表达式是由以下核心元素形成的模式：⊖

- 单个字符 c 是正则表达式，它仅匹配自身。例如，正则表达式 a 仅匹配字符串 'a'。

- 由竖线分隔的两个正则表达式 $R_1 | R_2$ 形成一个正则表达式，它匹配与 R_1 或 R_2 匹配的任何字符串。例如，正则表达式 a|c 匹配字符串 'a' 和字符串 'c'。

- 两个正则表达式的序列 R_1R_2 形成一个正则表达式，它匹配可以通过连接两个字符串形成的任何字符串，其中第一个字符串匹配 R_1，第二个字符串匹配 R_2。例如，正则表达式 (a|c)b 匹配字符串 'ab' 和 'cb'（括号可用于控制正则表达式中的运算符分组）。

- 后跟星号的正则表达式 $R*$（称为 Kleene 闭包）是一个正则表达式，它匹配由零个或多个匹配 R 的字符串连接所形成的任何字符串。例如，正则表达式 ((a|c)b)* 可匹配字符串 'abcbab' 而不是 'abc'。

为了方便起见，Lark 还接受以下扩展的正则表达式集合，这些正则表达式将自动翻译为核心正则表达式。

- 括在方括号中的一组字符 $[c_1c_2\cdots c_n]$ 是正则表达式，它匹配其中任一字符。因此，$[c_1c_2\cdots c_n]$ 等价于正则表达式 $c_1|c_2|\cdots|c_n$。

- 括在方括号中的字符范围 $[c_1\text{-}c_2]$ 是正则表达式，它匹配 c_1 和 c_2 之间的任何字符（包括 c_1 和 c_2）。例如，[a-z] 匹配字母表中的任何小写字母。

- 后跟加号的 $R+$ 是正则表达式，它匹配由一个或多个与 R 匹配的字符串连接所形成的任何字符串。因此 $R+$ 等价于 $R(R*)$。例如，[a-z]+ 匹配 'b' 和 'bzca'。

- 后跟问号的 $R?$ 是正则表达式，它匹配与 R 匹配的任何字符串或空字符串。例如，a?b 同时匹配 'ab' 和 'b'。

⊖ 正则表达式传统上包括空正则表达式，即匹配字符串的任何零长度部分，但 Lark 不支持空正则表达式。

在 Lark 语法文件中，每类记号都由终结符明确规定，终结符由规则定义，该规则由终结符名称后跟冒号，之后再跟一系列文字组成。文字包括字符串（如 "abc"）、由字符 '/' 包围的正则表达式、终结符名称以及使用正则表达式运算符（+、*等）组成的文字。例如，终结符 DIGIT、INT 和 NEWLINE 的规定如下：

```
DIGIT: /[0-9]/
INT: "-"? DIGIT+
NEWLINE: (/\r/? /\n/)+
```

3.2 文法和解析树

在 1.2 节中，我们学习了如何使用文法规则来描述语言的抽象语法。现在，我们将仔细研究如何使用文法规则来描述具体语法。回想一下，每个规则都有一个左部和一个右部，其中左部是一个非终结符，右部是一个模式，它定义了可以解析为该非终结符的内容。对于具体语法，每个右部表示字符串的模式，而不是抽象语法树的模式。特别地，每个右部都是一个符号序列，其中的符号可以是终结符或者非终结符。非终结符的作用与抽象语法中的作用相同，定义了语法类别。文法的非终结符包括词法分析器 lexer 中定义的记号和文法规则定义的所有非终结符。

举一个例子，让我们仔细看看 $\mathcal{L}_{\text{Int}}$ 语言的具体语法，如下所示：

$$
\begin{aligned}
exp &::= int \mid \text{input\_int}() \mid -exp \mid exp+exp \mid exp-exp \mid (exp) \\
stmt &::= \text{print}(exp) \mid exp \\
\mathcal{L}_{\text{Int}} &::= stmt^*
\end{aligned}
$$

文法规则的 Lark 语法与我们在本书中使用的 BNF 变体略有不同。特别是，符号 ::= 被一个冒号取代，字符串文字被引号取代。下面的文法是 $\mathcal{L}_{\text{Int}}$ 语言的 Lark 文法的初稿：

```
exp: INT
   | "input_int" "(" ")"
   | "-" exp
   | exp "+" exp
   | exp "-" exp
   | "(" exp ")"

stmt_list:
   | stmt NEWLINE stmt_list

lang_int: stmt_list
```

让我们从讨论规则 exp:INT 开始，该规则表示，如果词法分析器 lexer 将字符串匹配为 INT，那么解析器 parser 也会将该字符串归类为 exp。回想一下，在 1.2 节中，我们用英语句子定义了相应的非终结符 *int*。这里，我们使用记号 INT 及其正则表达式 "-"?DIGIT+ 更正式地描述 INT。

规则 exp：exp"+"exp 表示任何与 exp 匹配的字符串，后跟字符 '+'，后面再跟另一个与 exp 匹配的字符串，它本身就是 exp。例如，字符串 '1+3' 是 exp，因为根据规则 exp:INT 可知，'1' 和 '3' 都是 exp，然后应用加法规则将 '1+3' 归类为 exp。我们可以将应用文法规则解析字符串可视化为使用解析树。树中的每个内部节点都是文法规则的应用，并用其左部的非终结符进行标记。每个叶节点都是输入程序的子串。'1+3' 的解析树如图 3.1 所示。

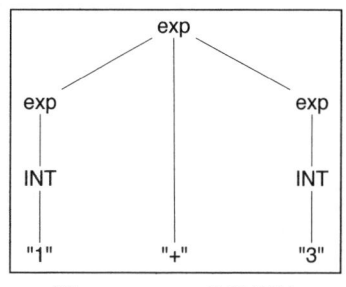

图 3.1 '1+3' 的解析树

使用该 Lark 文法解析 '1+3' 的结果是下面的由 Tree 和 Token 对象表示的解析树。

```
Tree('lang_int',
    [Tree('stmt', [Tree('exp', [Tree('exp', [Token('INT', '1')]),
                                Tree('exp', [Token('INT', '3')])])]),
    Token('NEWLINE', '\n')])
```

词法分析器 lexer 产生的节点是 Token 对象，解析器 parser 产生的节点是 Tree 对象。每个 Tree 对象都有一个 data 字段，其中包含所用的文法规则的非终结符名称。每个 Tree 对象还有一个 children 字段，该字段是包含树和/或记号的列表。请注意，Lark 不会为语法中的字符串文字生成节点。例如，加法表达式的 Tree 节点只有两个整数子节点，没有对应于终结符 "+" 的中间子节点。这将是有问题的，除非 Lark 提供一种机制，根据所使用的规则自定义每个 Tree 节点的 data 字段。在文法规则中的每个候选项旁边写上 ->，后跟一个要在 data 字段中出现的字符串。下面是 $\mathcal{L}_{\text{Int}}$ 的 Lark 文法的第二稿，这次在 Tree 节点上有更具体的标号。

```
exp: INT                    -> int
   | "input_int" "(" ")"    -> input_int
   | "-" exp                -> usub
```

```
         | exp "+" exp          -> add
         | exp "-" exp          -> sub
         | "(" exp ")"          -> paren

stmt: "print" "(" exp ")" -> print
    | exp                      -> expr

stmt_list:                     -> empty_stmt
        | stmt NEWLINE stmt_list -> add_stmt

lang_int: stmt_list            -> module
```

这里是生成的解析树：

```
Tree('module',
  [Tree('expr', [Tree('add', [Tree('int', [Token('INT', '1')]),
                              Tree('int', [Token('INT', '3')])])]),
   Token('NEWLINE', '\n')])
```

3.3 二义性文法

当一个字符串可以用多种方式解析时，文法就是二义性的。例如，考虑字符串 `'1-2+3'`。使用我们的语法初稿，可以用两种不同的方式解析这个字符串，得到如图 3.2 所示的两棵解析树。这个例子是有问题的，因为虽然正确答案是 2，但依照第二棵解析树计算会得到 −4。

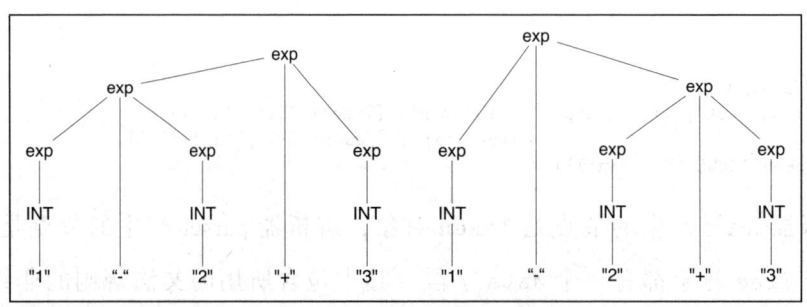

图 3.2 `'1-2+3'` 的两棵解析树

为解决这个问题，我们可以更改文法，以更细粒度的方式对语法进行分类。在这种情况下，当右边的子项是加法时，我们希望不允许应用规则 `exp: exp "-" exp`。为此，我们可以将 `"-"` 后面的 `exp` 替换为非终结符，该非终结符对除加法之外的所有表达式进行分类，如下所示。

```
exp: exp "-" exp_no_add  -> sub
   | exp "+" exp         -> add
   | exp_no_add
```

```
exp_no_add: INT                -> int
    | "input_int" "(" ")"      -> input_int
    | "-" exp                  -> usub
    | exp "-" exp_no_add       -> sub
    | "(" exp ")"              -> paren
```

然而，语法中仍然存在一些歧义。例如，字符串 '1-2-3' 仍然可以两种不同的方式解析，即 '(1-2)-3'（正确）或 '1-(2-3)'（不正确）。也就是说，减法是左结合的。同样，Python 中的加法也是左结合的。我们还需要考虑取负运算与加法和减法的相互作用。我们应该如何解析 '-1+2'？取负运算的优先级高于加法和减法，因此 '-1+2' 的解析应与 '(-1)+2' 相同，而不是 '-(1+2)'。图 3.3 中的文法通过对所有其他表达式使用非终结符 `exp_hi` 来处理加法和减法的结合性，并对加法和减法规则中的第二个子表达式使用 `exp_hi`。此外，取负运算使用 `exp_hi` 作为其子项。

```
exp: exp "+" exp_hi             -> add
   | exp "-" exp_hi             -> sub
   | exp_hi

exp_hi: INT                     -> int
      | "input_int" "(" ")"     -> input_int
      | "-" exp_hi              -> usub
      | "(" exp ")"             -> paren

stmt: "print" "(" exp ")"       -> print
    | exp                       -> expr

stmt_list:                      -> empty_stmt
    | stmt NEWLINE stmt_list    -> add_stmt

lang_int: stmt_list             -> module
```

图 3.3 $\mathcal{L}_{\text{Int}}$ 的非二义性 Lark 语法

对于具有更多运算符和更多优先级的语言，必须将非终结符 `exp` 细化为多个非终结符，每个优先级对应一个非终结符。

3.4 从解析树到抽象语法树

正如我们所看到的，Lark 解析器的输出是一棵解析树，即由 `Tree` 和 `Token` 节点组成的树。因此，下一步是将解析树转换为抽象语法树。这可以通过递归函数来实现，该函数检查每个节点的 `data` 字段，然后构造相应的 AST 节点，使用递归来处理其子节点。下面的代码片段摘自 $\mathcal{L}_{\text{Int}}$ 的 `parse_tree_to_ast` 函数：

```
def parse_tree_to_ast(e):
  if e.data == 'int':
    return Constant(int(e.children[0].value))
  elif e.data == 'input_int':
    return Call(Name('input_int'), [])
  elif e.data == 'add':
    e1, e2 = e.children
    return BinOp(parse_tree_to_ast(e1), Add(), parse_tree_to_ast(e2))
  ...
  else:
    raise Exception('unhandled parse tree', e)
```

习题 3.1 使用 Lark 为 $\mathcal{L}_{\text{Var}}$ 创建 lexer 和 parser。使用 Lark 的默认解析算法（Earley 算法），将二义性选项设置为 `'explicit'`，这样，如果你的文法是二义性的，输出将包括多棵解析树，这些解析树将提示你文法存在问题。你的解析器 parser 应该忽略空白，因此我们建议使用 Lark 的 `%ignore` 指令，如下所示。

```
WS: /[ \t\f\r\n]/+
%ignore WS
```

将第 2 章中的编译器更改为使用 Lark 解析器 parser，而不是使用 ast 模块中的 parse 函数。在你创建的所有 $\mathcal{L}_{\text{Var}}$ 程序上测试编译器，并创建四个额外的程序来测试文法中的二义性。

3.5 Earley 算法

在本节中，我们讨论 Earley 解析算法（1970），这是 Lark 使用的默认算法。该算法的强大之处在于可以处理任何上下文无关文法，这使得它易于使用，但它不是一种特别高效的解析算法。对于二义性文法，Earley 算法的时间复杂度是 $O(n^3)$，对于无二义性文法是 $O(n^2)$，其中 n 是输入字符串中的记号个数（Hopcroft，Motwani，and Ullman 2006）。在 3.6 节中，我们将学习 LALR（1）算法，它更高效，但不能处理所有的上下文无关文法。

可以将 Earley 算法看作一个解释器：它将文法视为被解释的程序，并将要解析的程序的具体语法视为其输入。Earley 算法使用一种称为图表的数据结构来跟踪其进展并存储结果。图表是一个数组，对于输入字符串中的每个位置都有一个槽，其中位置 0 在第一个字符之前，位置 n 紧接在最后一个字符之后。因此，对于长度为 n 的输入字符串，数组的长度为 $n+1$。图表中的每个槽都包含一组带点规则。带点规

则即在右部有句点的文法规则，句点用来标识规则的右部有多少已经被解析。例如，带点规则

```
exp: exp "+" . exp_hi
```

表示已完成部分解析，即后跟 "+" 的 exp 部分已得到匹配，但尚未解析 exp 式中 "+" 右边的部分。Earley 算法从初始化阶段开始，然后只要机会出现就重复三个动作——预测、扫描和完成。我们在一个运行示例上演示 Earley 算法，解析下面的程序：

```
print(1 + 3)
```

算法的初始化阶段为左侧是起始符号的所有文法规则创建带点规则，并将它们放置在图表的槽 0 中，我们还将带点规则的起始位置记录在右侧的括号中。例如，对于图 3.3 中的文法，我们将

```
lang_int: . stmt_list        (0)
```

放置在图表的槽 0 中。然后，该算法继续进行预测操作，根据句点后立即出现的非终结符，在图表中添加更多的带点规则。在上面的带点规则中，非终结符 stmt_list 出现在句点之后，因此我们将 stmt_list 的所有规则添加到槽 0 中，在这些规则的右部的开头有一个句点，如下所示：

```
stmt_list: .                       (0)
stmt_list: . stmt NEWLINE stmt_list  (0)
```

随着更多机会的出现，我们继续预测行动。例如，现在非终结符 stmt 出现在句点之后，因此 stmt 的所有带点规则会被添加进来。

```
stmt: . "print" "(" exp ")"  (0)
stmt: . exp                  (0)
```

这揭示了更多的预测机会，因此，我们又将 exp 和 exp_hi 的文法规则添加到槽 0 中。

```
exp: . exp "+" exp_hi          (0)
exp: . exp "-" exp_hi          (0)
exp: . exp_hi                  (0)
exp_hi: . INT                  (0)
exp_hi: . "input_int" "(" ")"  (0)
exp_hi: . "-" exp_hi           (0)
exp_hi: . "(" exp ")"          (0)
```

我们已经完成了当前的预测，因此算法继续扫描。在扫描过程中，检查下一个

输入记号，并在当前位置寻找一个带点规则，该规则在句点之后跟随有一个与当前输入记号匹配的终结符。在我们的运行示例中，第一个输入记号是 `"print"`，因此我们在图表的槽 0 中识别句点后立即跟随 `"print"` 的规则：

```
stmt: . "print" "(" exp ")"        (0)
```

我们将句点向前移动到 `"print"` 之后，并将结果规则添加到槽 1 中：

```
stmt: "print" . "(" exp ")"        (0)
```

如果新的带点规则在句点之后是一个非终结符，我们将需要执行预测操作，在槽 1 中添加更多的带点规则。事实并非如此，所以我们继续扫描。下一个输入记号是 `"("`，因此我们将以下内容添加到图表的槽 2 中。

```
stmt: "print" "(" . exp ")"        (0)
```

现在，在句点后面紧跟着一个非终结符，所以需要执行几个预测操作，将 `exp` 和 `exp_hi` 的带点规则添加到槽 2 中，句点在规则的开头，规则的起始位置为 2。

```
exp: . exp "+" exp_hi              (2)
exp: . exp "-" exp_hi              (2)
exp: . exp_hi                      (2)
exp_hi: . INT                      (2)
exp_hi: . "input_int" "(" ")"      (2)
exp_hi: . "-" exp_hi               (2)
exp_hi: . "(" exp ")"              (2)
```

完成此预测后，继续扫描，注意下一个输入记号是 `"1"`，lexer 将其解析为 `INT`。在槽 2 中有一个匹配规则：

```
exp_hi: . INT                      (2)
```

因此，我们向前移动句点，并将下面的规则加入槽 3 中。

```
exp_hi: INT .                      (2)
```

此时，我们将采取"完成"动作。当句点到达带点规则的末尾时，已经识别出子字符串与规则左侧的非终结符匹配，在本例中为 `exp_hi`。因此，对于槽 2（2 是已完成规则的起始位置）中存在的任何句点之后紧接着 `exp_hi` 的带点规则，我们需要将该句点向前移动。因此，我们发现：

```
exp: . exp_hi                      (2)
```

并将下面的带点规则加入槽 3 中：

```
exp: exp_hi .              (2)
```

这将触发对于非终结符 exp 的另一个"完成"动作，然后再向槽 3 中添加下面的两条带点规则。

```
exp: exp . "+" exp_hi      (2)
exp: exp . "-" exp_hi      (2)
```

然后，继续扫描，下一个输入记号是 "+"，因此，我们将下面的规则添加到槽 4 中。

```
exp: exp "+" . exp_hi      (2)
```

句点位于非终结符 exp_hi 之前，因此预测的结果是将以下带点规则添加到图表的槽 4 中。

```
exp_hi: . INT                      (4)
exp_hi: . "input_int" "(" ")"      (4)
exp_hi: . "-" exp_hi               (4)
exp_hi: . "(" exp ")"              (4)
```

下一个输入记号是 "3"，lexer 将其归类为 INT，因此，对于槽 4 中句点之后是 INT 的规则（只有一个），将句点向前移动到 INT 之后，并将以下内容放入槽 5 中。

```
exp_hi: INT .              (4)
```

句点在规则末尾，将触发槽 4 中的规则采取"完成"动作，在槽 4 中，有一个句点出现在 exp_hi 之前的规则。因此，我们将句点向前移动，并将以下内容放入槽 5 中。

```
exp: exp "+" exp_hi .      (2)
```

这将触发另一个对于槽 2 中 exp 的"完成"动作，对于槽 2 中句点在 exp 之前的规则，将句点向前移动到 exp 之后。

```
stmt: "print" "(" exp . ")"   (0)
exp: exp . "+" exp_hi         (2)
exp: exp . "-" exp_hi         (2)
```

扫描下一个输入记号 ")"，将下面的带点规则放入槽 6 中。

```
stmt: "print" "(" exp ")" .   (0)
```

这触发对于槽 0 中 stmt 的 "完成" 动作。

```
stmt_list: stmt . NEWLINE stmt_list  (0)
```

最后一个输入记号是换行符（NEWLINE），因此我们向前移动句点，并将新的带点规则放入槽 7 中。

```
stmt_list: stmt NEWLINE . stmt_list  (0)
```

我们即将结束对输入的解析！句点出现在非终结符 stmt_list 之前，因此我们可先后对 stmt_list 和 stmt 应用预测。

```
stmt_list: .                          (7)
stmt_list: . stmt NEWLINE stmt_list   (7)
stmt: . "print" "(" exp ")"           (7)
stmt: . exp                           (7)
```

有机会立即"完成" stmt_list，因此我们将以下内容添加到插槽 7 中。

```
stmt_list: stmt NEWLINE stmt_list .   (0)
```

这触发对于槽 0 中 stmt_list 的另一个"完成"动作。

```
lang_int: stmt_list .                 (0)
```

这又进一步"完成"了文法的起始符号 lang_int，从而完成了对输入的解析。

作为参考，下面给出 Earley 算法的一般描述。

1. 算法首先使用起始符号的文法规则初始化图表的槽 0，在右侧的开始处放置一个句点，并将其起始位置记录为 0。

2. 只要有机会，算法就会重复应用以下三种动作。

- 预测：如果槽 k 中有一条规则的句点在非终结符之前，则将该非终结符的规则添加到槽 k 中，在其右侧的开头放置一个句点，并将其起始位置记录为 k。

- 扫描：如果输入字符串的位置 k 处的记号与图表槽 k 中带点规则中句点后的符号匹配，则将带点规则中的句点向前移动，将结果添加到槽 $k+1$。

- 完成：如果槽 k 中的带点规则的句点在末尾（已完成规则），则检查与该已完成规则的起始位置对应的槽中的规则。如果这些规则中的任何一个在其句点后面有一个与已完成规则的左侧相匹配的非终结符，则将其句点向前移动，并将新的带点规则放在槽 k 中。

在重复这三个操作时，请注意不要在图表中添加重复的带点规则。

我们已经描述了 Earley 算法如何识别输入字符串与文法的匹配，但我们还没有描述它如何构建解析树。基本思想很简单，但以有效的方式构建解析树更为复杂，需要一种称为共享压缩解析林的数据结构（Tomita 1985）。简单的想法是为图表中的每个带点规则附加一个部分解析树。最初，与带点规则关联的节点没有子节点。随着句点向右移动，解析过程中产生的节点将作为子节点添加到节点中。

如本节开头所述，Earley 算法对于无二义性文法的时间复杂度是 $O(n^2)$，这意味着它可以在合理的时间内解析包含数千个记号的输入文件，但不能解析数百万个记号的。下一节，我们讨将论 LALR（1）解析算法，该算法即使对于最大的输入文件也足够有效。

3.6　LALR（1）算法

LALR（1）算法（DeRemer 1969；Anderson，Eve，and Horning 1973）可被视为一种两阶段方法，它首先将文法编译为状态机，然后运行状态机来解析输入字符串。第二阶段的时间复杂度为 $O(n)$，其中 n 是输入中的记号数，因此 LALR（1）是最高效的。LALR（1）的一个特别有影响的实现是 Johnson（1979）的 yacc 解析器生成器，yacc 代表"产生另一个编译器的编译器"。LALR（1）状态机使用一个栈来记录其解析输入字符串的进度。栈中的每个元素都是一对：一个状态号和一个文法符号（终结符或者非终结符）。该符号刻画到目前为止已解析的输入，状态号用于记住在解析完下一个输入符号后如何继续。状态机中的每个状态表示解析器在解析过程中相对于某些文法规则的位置。特别地，每个状态都与一组带点规则相关联。

对于以下简单但具有二义性的文法，图 3.4 显示了的该文法的 LALR（1）状态机（也称为解析表）：

```
exp: INT
   | exp "+" exp
stmt: "print" exp
start: stmt
```

考虑图 3.4 中的状态 1。解析器刚刚读入了一个记号 "print"，因此栈顶是 (1, "print")。解析器根据文法规则 1 解析输入的一部分，通过在文法规则 1 右侧的记号 "print" 之后和非终结符 exp 之前的句点来表示。接下来可以应用两条规则，即规则 2 和规则 3，因此状态 1 也显示了这些在右侧开始有句点的规则。状态之间的边指示状态机应该根据下一个输入记号进行哪些转换。因此，比如说，如果下一个输入记号是 INT，那么解析器将 INT 和目标状态 4 压入栈，并转换到状态 4。假设我们现在处于输入的末尾。状态 4 指明我们应该根据规则 3 进行归约，所以我们从栈中弹出与规则 3 右侧的符号数量相同的栈顶单元，本例中只有一个。然后，我们暂时跳到栈顶的状态（状态 1），然后沿着与刚刚归约所用规则的左侧符号对应的转换（goto）边进行转换，本例中为 exp，因此我们到达状态 3。（图 3.4 中显示了一个稍长的解析示例。）

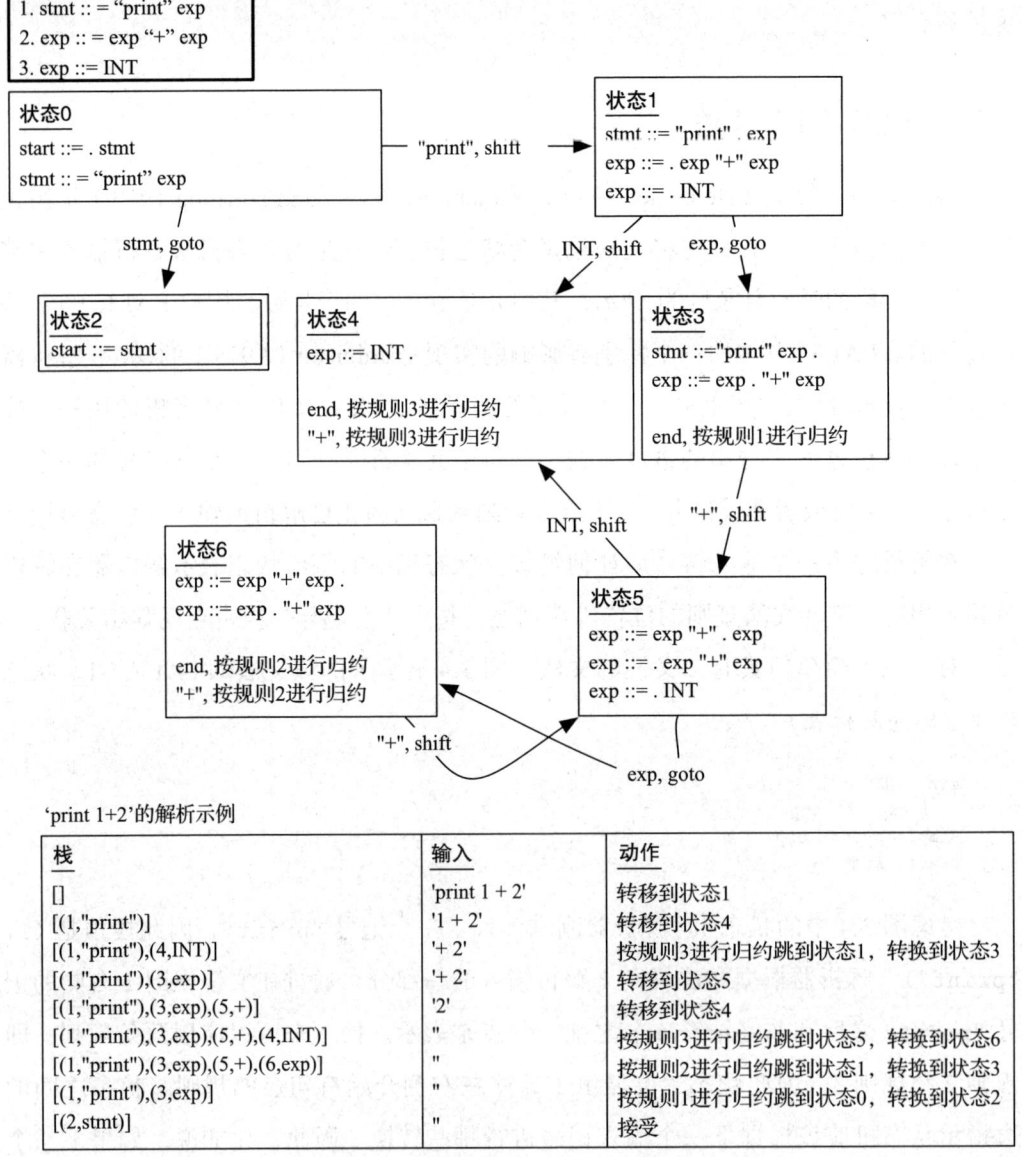

图 3.4　LALR（1）解析表和示例运行的轨迹

通常，该算法的工作过程如下。首先，将当前状态设置为状态 0。然后重复以下步骤，查看下一个输入记号：

- 如果在当前状态存在相应于输入记号的转移（shift）边，则将转移边的目标状态和输入记号压入栈，然后转换到相应于该边的目标状态。
- 如果在当前状态存在相应于输入记号的归约动作，则从栈顶弹出 k 个元素，这里 k 是所用归约规则右侧的符号数。跳转到栈顶状态，然后沿着与归约规则的左侧非终结符匹配的转换边进行状态转换。将转换边的目标状态和该非终结符压入栈。

请注意，在图 3.4 的状态 6 中，对于记号 PLUS 同时存在转移和归约两种动作，因此算法不知道在这种情况下应该采取哪个动作。当一个状态对同一记号同时具有转移和归约动作时，我们说存在移进/归约冲突。在这种情况下，将发生冲突，例如，在试图解析输入 print 1+2+3 时。在分析完 print 1+2 之后，解析器将处于状态 6，此时将不知道是该进行归约以形成对应于 1+2 的 exp，还是该继续移进输入中的下一个记号 +。

当在一个状态中对于同一记号存在两个归约动作时，也会出现类似的问题，称为归约/归约冲突。为了理解哪些文法会导致移进/归约冲突和归约/归约冲突，了解如何根据文法生成解析表将有助于我们接下来的讨论。

语法分析表是按照一次生成一个状态的方式来构造的。状态 0 表示解析器的开始。我们将开始符号的文法规则添加到该状态中，在规则右侧的开头有一个句点，类似于 Earley 解析器的初始化阶段。如果句点出现在另一个非终结符之前，则将左侧是该非终结符的所有规则都加进来。同样，我们在每个新规则的右侧开始处放置一个句点。这个过程称为状态闭包，一直持续到没有更多的规则可添加为止（类似于 Earley 解析器的预测动作）。然后，我们检查当前状态 I 中的每个带点规则。假设一个带点规则形如 $A ::= s_1 . X s_2$，其中 A 和 X 是文法符号，s_1 和 s_2 是符号序列。我们创建一个新的状态，并将其命名为 J。如果 X 是终结符，我们创建一条从 I 到 J 的移进边（类似于 Earley 中的扫描），而如果 X 是非终结符，我们创建一条从 I 到 J 的转换边。然后，我们需要在状态 J 中添加一些带点规则。我们首先添加来自状态 I 的所有形如 $B ::= s_1 . X s_2$ 的带点规则（这里 B 是任何非终结符，s_1 和 s_2 是任意文法符号序列），并且句点向前移动到 X 后面。（这类似于 Earley 算法中的"完成"动作。）然后，我们在 J 上执行状态闭包，重复此过程，直到没有更多的状态或边需要添加为止。

然后，如果状态中有句点在末尾的开始规则，我们将该状态标记为接受状态。此外，为了添加归约动作，我们查找任何含有句点在末尾的带点规则的状态。设 n 是这个带点规则的规则编号。然后，我们对每个记号 Y 将动作归约 n 置于该状态。例如，在图 3.4 中，状态 4 有一个句点在末尾的带点规则，因此，在状态 4 中为每个记号设置"用规则 3 归约"的动作。

当插入归约动作时，注意发现任何移进 / 归约或归约 / 归约冲突。如果存在冲突，则中止分析表的构造。

习题 3.2 在纸上完成图 3.4 顶部文法的分析表的生成过程，并对照图 3.4 中所示的分析表进行检查。

习题 3.3 更改你的 $\mathcal{L}_{\text{Var}}$ 语言编译器中的解析器，将 Lark 的解析器选项设置为 `'lalr'`。在你创建的所有 $\mathcal{L}_{\text{Var}}$ 程序上测试编译器。在这样做的过程中，Lark 可能会因为文法中的移进 / 归约冲突或归约 / 归约冲突而发出错误信号。如果是这样，请更改 $\mathcal{L}_{\text{Var}}$ 语言的 Lark 文法以消除这些冲突。

3.7 进一步阅读

在本章中，我们对语法分析领域进行了初探，研究了一种非常通用但效率较低的算法（Earley），以及一种更受限但效率较高的算法（LALR）。还有更多的算法和文法类介于这两个极端之间。我们向读者推荐 Aho 等人（2006）的专著，其中对语法分析进行了全面阐述。

关于词法分析，我们描述了规格说明语言，即正则表达式，但没有描述识别它们的算法。简言之，正则表达式可以被转换为不确定的有限自动机，而这些不确定的有限自动机又可以被转换为确定的有限自动机。我们再次向读者推荐 Aho 等人（2006）的专著中关于词法分析的所有细节。

第 4 章

Essentials of Compilation: An Incremental Approach in Python

寄存器分配

在第 2 章中，我们学习了如何将 $\mathcal{L}_{Var}$ 语言编译为 x86 汇编语言，将变量存储在过程调用栈中。CPU 访问栈上的位置可能需要几十个到数百个时钟周期，而访问寄存器只需要一个周期。在本章中，我们通过将变量存储在寄存器中来提高所生成代码的效率。寄存器分配的目标是将尽可能多的变量放入寄存器中。有些程序的变量比寄存器多，所以我们不能总是将每个变量都映射到不同的寄存器。幸运的是，在程序执行期间的不同时间段内使用不同的变量是很常见的，在这些情况下，可以将多个变量映射到同一个寄存器。

以图 4.1 所给的程序作为运行示例，图的左侧是源程序，右侧是指令选择的输出。该程序几乎完全使用 x86 汇编语言，但它仍使用了变量。以变量 x 和 z 为例：变量 x 在被传送到 z 之后，就不再被使用；另一方面，变量 z 仅在这之后使用，因此 x 和 z 可以共享相同的寄存器。

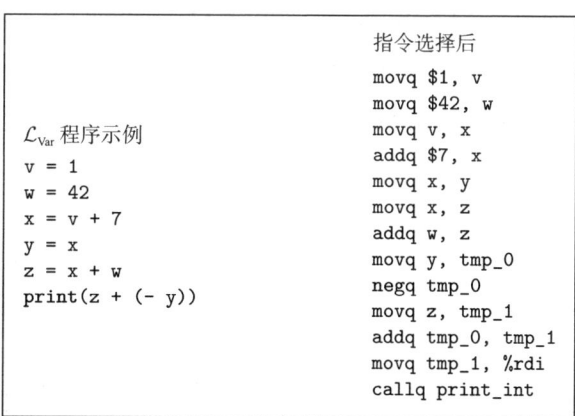

图 4.1　寄存器分配的运行示例

4.2 节的主题是如何计算变量的使用位置。一旦有了这些信息，我们就可以计算哪些变量同时在使用，即哪些变量相互干扰，并将这种关系表示为一张无向图，其顶点是变量，边指示两个变量之间存在干扰（4.3 节）。然后，我们将寄存器分配建模为图着色问题（4.4 节）。

如果我们尽力这样做了，但寄存器还是用完了，就将剩余的变量放在栈上，类似于第 2 章中处理变量的方式。通常使用动词溢出表示将变量分配到栈单元。溢出变量的决策作为图着色过程的一部分处理。

我们做一个简化的假设，即每个变量都被分配到一个位置（寄存器或栈地址）。一种更复杂的方法是在程序的不同区域，将变量分配到一个或多个位置。例如，如果一个变量在短序列中多次使用，然后仅在许多其他指令之后才再次使用，那么如下做法可能更有效，即在开始序列期间将变量分配给寄存器，然后在其剩余生命周期中将其移动到栈中。请有兴趣的读者参考 Cooper 和 Torczon 的著作（2011，第 13 章），以了解有关该方法的更多信息。

4.1 寄存器和调用约定

在执行寄存器分配时，我们必须了解 x86 中执行函数调用的约定。尽管 $\mathcal{L}_{\text{Var}}$ 语言不包括程序员定义的函数，但我们生成的代码包括一个操作系统调用的 `main` 函数，并且包含对 `read_int` 函数的调用。

函数调用需要两段代码之间的协调，这两段代码可能由不同的程序员编写或由不同的编译器生成。在这里，我们遵循 Linux 和 MacOS 上的 GNU C 编译器使用的系统 V 调用约定（Bryant and O'Hallaron 2005；Matz et al. 2013）。调用约定包括关于函数如何共享寄存器使用的规则。特别是，调用者负责在函数调用之前释放一些寄存器以供被调用者使用。这些寄存器被称为调用者保存的寄存器，它们是：

`rax rcx rdx rsi rdi r8 r9 r10 r11`

另一方面，被调用者负责保存被调用者保存的寄存器的值，这些寄存器是：

`rsp rbp rbx r12 r13 r14 r15`

我们可以从调用者视图和被调用者视图两个角度来考虑该调用者 / 被调用者约定，如下所示：

- 调用者应该假设所有调用者保存的寄存器都由被调用者用任意值覆盖。另一方面，调用者可以安全地假设所有被调用者保存的寄存器都保留它们的原始值。
- 被调用者可以自由使用调用者保存的任何寄存器。然而，如果被调用者想要使用被调用者保存的寄存器，则被调用者必须安排在返回调用者之前将原始值放回寄存器。这可以通过在函数的起始部分中将值保存到栈中，并在函数收尾部分恢复值来实现。

在 x86 中，寄存器还用于向函数传递参数和返回值。特别是，函数的前六个参数按顺序在以下六个寄存器中传递：

rdi rsi rdx rcx r8 r9

我们称这六个寄存器为参数传递寄存器。如果有六个以上的参数，则约定使用调用者的帧空间传递其余的参数。在第 8 章中，我们传递一个包含第六个参数和其余参数的元组，这简化了高效尾调用的处理。目前，我们只关心函数 read_int 和 print_int，它们分别接受零个和一个参数。寄存器 rax 用于存放函数的返回值。

下一个问题是这些调用约定如何影响寄存器分配。考虑图 4.2 中所示的 $\mathcal{L}_{\text{Var}}$ 程序。我们首先从调用者的角度分析这个例子，然后再从被调用者的角度进行分析。我们将函数调用期间使用的变量称为调用活跃变量。

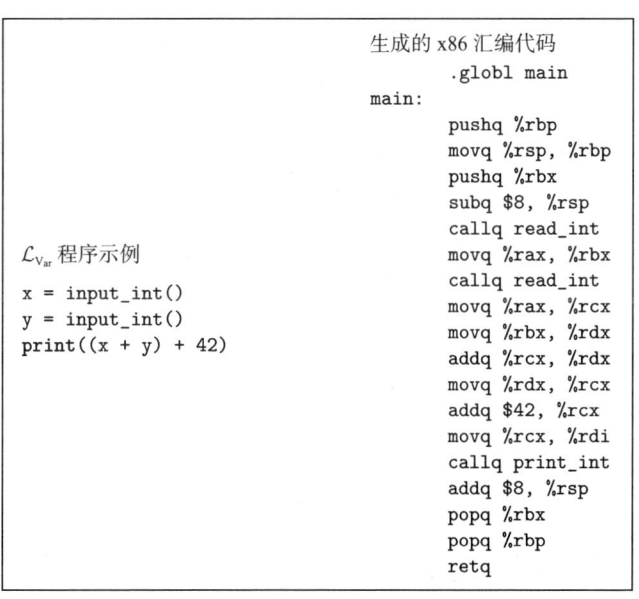

图 4.2　函数调用示例

该程序调用 input_int 两次。变量 x 是调用活跃的，因为它在第二次调用 input_int 期间被使用；必须确保在调用 input_int 期间，x 中的值不会被覆盖。一种明显的方法是在每次函数调用之前将驻留在调用者保存的寄存器中的所有值保存到栈中，并在每次调用之后恢复。这样，如果寄存器分配器选择将 x 分配给一个调用者保存的寄存器，那么在调用 input_int 期间，它的值将保留。但是，保存入栈和从栈中恢复的速度相对较慢。如果不是多次使用 x，最好一开始就将 x 分配到栈单元中。或者更好的是，如果我们可以将 x 安排在被调用者保存的寄存器中，那么在函数调用期间它就不需要保存和恢复了。

我们推荐一种方法，可以在干涉图中捕获这些问题而不会使图着色算法复杂化。在活跃性分析期间，我们知道哪些变量是调用活跃变量，因为可以计算每条指令中使用了哪些变量（4.2 节）。构建干涉图（4.3 节）时，可以在干涉图中的每个调用活跃变量和调用者保存的寄存器之间放置一条边。这将防止图着色算法将调用活跃变量分配给调用者保存的寄存器。

另一方面，对于非调用活跃变量，我们更愿意将它们放在调用者保存的寄存器中，以便在被调用者保存的寄存器中为调用活跃变量留出更多空间。这也可以在不使图着色算法复杂化的情况下实现。我们建议图着色算法为变量指派自然数，并为它选择没有干扰的最小的数字。着色完成后，将数字映射到寄存器和栈单元：将最小的数字映射到调用者保存的寄存器，将次小的数字映射到被调用者保存的寄存器，将最大的数字映射到栈单元。这种排序使寄存器优先于栈单元，调用者保存的寄存器优先于被调用者保存的寄存器。

回到图 4.2 中的示例，让我们分析右侧生成的 x86 代码。变量 x 被分配给被调用者保存的寄存器 `rbx`。因此，在第二次调用 `read_int` 期间，它已经处于安全位置。接下来，将变量 y 分配给调用者保存的寄存器 `rcx`，因为 y 不是调用活跃变量。

我们已经从调用者的角度完成了分析，现在切换到被调用者的角度，重点关注 `main` 函数的起始部分和收尾部分。通常，起始部分首先将 `rbp` 寄存器的内容保存到栈单元，并将 `rbp` 设置为当前栈指针。我们现在知道为什么需要保存 `rbp` 了，因为它是一个被调用者保存的寄存器。然后起始部分将 `rbx` 压入栈，因为 `rbx` 是被调用者保存的寄存器，并且 `rbx` 被分配给了变量（x）。而其他的被调用者保存的寄存器不需要在起始部分保存，因为它们没有被使用。之后从 `rsp` 中减去 8 个字节，并使其按 16 字节对齐。现在将注意力转移到收尾部分，我们看到 `popq` 指令从栈单元恢复了寄存器 `rbx`。

4.2 活跃性分析

函数 `uncover_live` 执行活跃性分析，也就是说，它会发现在程序的不同区域中哪些变量在使用。一个变量或寄存器在某个程序点是活跃的，如果它的当前值在之后的某个程序点被使用。我们将变量、栈单元和寄存器统称为位置。考虑下面的代码段，其中有两个对 b 的写入。变量 a 和 b 同时活跃吗？

```
1   movq $5, a
2   movq $30, b
3   movq a, c
4   movq $10, b
5   addq b, c
```

答案是否定的，因为 a 从第 1 行到第 3 行是活跃的，b 从第 4 行到第 5 行是活跃的。在第 2 行写入 b 的整数从未使用，因为它在随后的读取（第 5 行）之前被重写（第 4 行）。

每条指令的活跃位置可以通过从后向前的顺序（即执行顺序的反序）遍历指令序列来计算。设 $I_1,\cdots,I_n$ 为指令序列。我们将指令 I_k 之后的活跃位置集合写入 $L_{\text{after}}(k)$，并将指令 I_k 之前的活跃位置集合写入 $L_{\text{before}}(k)$。我们建议使用 Python 数据结构 set 来表示这些集合。

在指令之后活跃的位置构成指令的 live-after 集合，在指令之前活跃的位置构成指令的 live-before 集合。一条指令的 live-after 集合总是与下一条指令的 live-before 集合相同。

$$L_{\text{after}}(k) = L_{\text{before}}(k+1) \tag{4.1}$$

首先，在最后一条指令之后没有活跃位置，所以：

$$L_{\text{after}}(n) = \emptyset \tag{4.2}$$

然后，我们重复应用以下规则，从后向前遍历指令序列。

$$L_{\text{before}}(k) = (L_{\text{after}}(k) - W(k)) \bigcup R(k) \tag{4.3}$$

其中 $W(k)$ 是由指令 I_k 写入的位置，而 $R(k)$ 则是由指令 I_k 读取的位置。

我们从代码段第 5 行的指令开始应用这些公式走一遍前面的例子。我们收集了图 4.3 中所示的结果。指令 addq b, c 的 L_{after} 是 $\emptyset$，因为这是最后一条指令（公式 (4.2)）。它的 L_{before} 是 {b, c}，因为它读取变量 b 和 c（公式 (4.3)）：

$$L_{\text{before}}(5) = (\emptyset - \{c\}) \bigcup \{b, c\} = \{b, c\}$$

继续第 4 行的指令 movq $10, b，我们将第 5 行的 live-before 集复制为该指令的 live-after 集（公式 (4.1)）。

$$L_{\text{after}}(4) = \{b, c\}$$

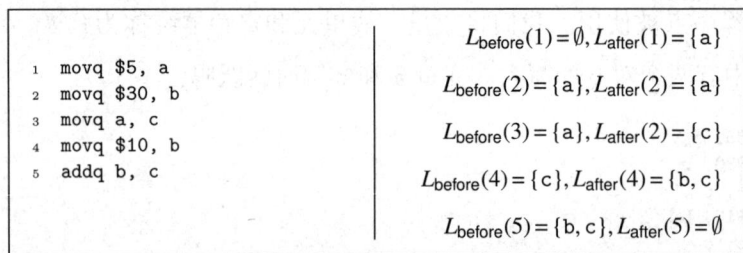

图 4.3 一个简短例子的活跃性分析输出示例

该传送指令写变量 b，但没有读取任何变量，因此有如下的 live-before 集（公式（4.3））。

$$L_{\text{before}}(4) = (\{b，c\}-\{b\}) \cup \emptyset = \{c\}$$

指令 `movq a, c` 的 live-before 集是 {a}，因为它写位置 {c}，并且读位置 {a}（公式（4.3））。指令 `movq $30, b` 的 live-before 集是 {a}，因为它写一个非活跃变量，并且没有读取变量。最终，指令 `movq $5, a` 的 live-before 集是 ∅，因为它写变量 a。

习题 4.1 手工对图 4.1 中的运行示例进行活跃性分析，计算每条指令的 live-before 集和 live-after 集。将所得的结果与图 4.4 所示的答案进行比较。

```
movq $1, v
                        {v}
movq $42, w
                        {w,v}
movq v, x
                        {w,x}
addq $7, x
                        {w,x}
movq x, y
                        {w,x,y}
movq x, z
                        {w,y,z}
addq w, z
                        {y,z}
movq y, tmp_0
                        {tmp_0,z}
negq tmp_0
                        {tmp_0,z}
movq z, tmp_1
                        {tmp_0,tmp_1}
addq tmp_0, tmp_1
                        {tmp_1}
movq tmp_1, %rdi
                        {rdi}
callq print_int
                        {}
```

图 4.4 带有 live-after 集注释的运行示例

习题 4.2 实现函数 uncover_live，它返回一个将每条指令映射到其 live-after 集的字典。建议创建辅助函数来计算出现在参数 *arg* 中的位置集，计算指令读取的位置（函数 *R*），以及指令写入的位置（函数 *W*）。指令 callq 应该在其写入集 *W* 中包括所有的调用者保存的寄存器，因为调用约定规定在函数调用期间可以对这些寄存器进行写入。同样，指令 callq 应该在其读取集 *R* 中包括相应的参数传递寄存器，这取决于被调用函数的参数个数。（这就是 callq 的抽象语法需要包含参数个数的原因。）

4.3 构建干涉图

基于活跃性分析，我们知道了每个活跃位置。然而，在寄存器分配期间，我们需要回答特定形式的问题：位置 *u* 和 *v* 是否同时活跃？（如果是，则不能将它们分配到同一寄存器。）为了更有效地回答这个问题，我们创建了一个显式数据结构，即干涉图。干涉图是一种无向图，其中每个变量和寄存器都有一个节点，如果两个节点同时活跃，也就是说，它们相互干扰，则在两个节点之间有一条边。我们在支撑代码文件 graph.py 中提供了有向图和无向图数据结构的实现。

计算干涉图的一种简单方法是查看每条指令之间的活跃位置集，并为同一集合中的每对变量在图中添加一条边。这种方法并不太理想，原因有两个：首先，它可能开销很大，因为考虑含有 *n* 个活跃位置的集合中的每一对需要时间 $O(n^2)$；其次，在两个位置具有相同值的特殊情况下（由于一个位置被赋值给了另一个位置），它们可以同时活跃，但不会相互干扰。

计算干涉图的更好的方法是专注于写操作（Appel and Palsberg 2003）。指令执行的写操作不得覆盖活跃位置中的内容。因此，对于每条指令，我们在写入位置和活跃位置之间创建一条边。（无论如何，位置永远不会干扰自身。）对于指令 callq，我们认为所有调用者保存的寄存器都已被写入，因此在每个活跃变量和每个调用者保存的寄存器之间都添加一条边。此外，对于指令 movq，存在两个变量具有相同值的特殊情况。如果活跃变量 *v* 与 movq 指令的源操作数相同，则无须在 *v* 和目标之间添加边，因为它们都具有相同的值。因此，我们有以下两条规则：

- 如果指令 I_k 是形如 movq *s, d* 的传送指令，那么对于每个 $v \in L_{\text{after}}(k)$，如果 $v \neq d$ 并且 $v \neq s$，则添加边 (d, v)。
- 对任何其他指令 I_k，对于每一个 $d \in W(k)$ 和每一个 $\gamma \in L_{\text{after}}(k)$，如果 $v \neq d$，

则添加边 (d, v)。

从上到下对图 4.4 中的每条指令应用这些规则。我们重点介绍其中的一些指令。第 1 条指令是 `movq $1, v`，其 live-after 集是 {v}。规则 1 适用，但没有干扰，因为 v 是传送的目的位置。第 4 条指令是 `addq $7, x`，而其 live-after 集是 {w, x}。规则 2 适用，因此 x 干扰 w。下一条指令是 `movq x, y`，而其 live-after 集是 {w, x, y}。规则 1 适用，因此 y 会干扰 w，但不会干扰 x，因为 x 是传送的源位置，从而 x 和 y 具有相同的值。图 4.5 列出了所有指令的干扰结果，构建的干涉图如图 4.6 所示。我们从图 4.6 中的干涉图中删除了寄存器节点，因为不存在涉及寄存器的干扰边，并且我们不想使图杂乱，但通常需要在干涉图中包括所有的寄存器。

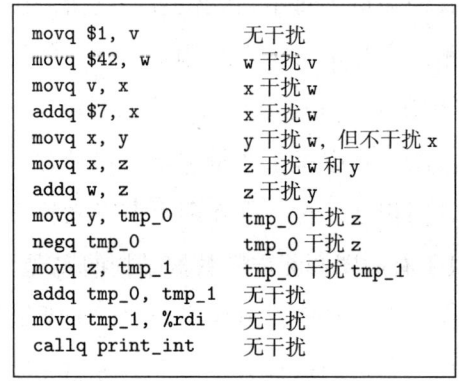

图 4.5　运行示例的干扰结果

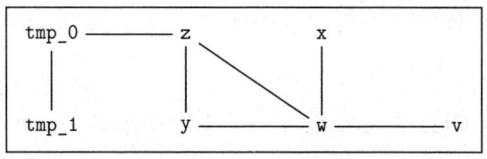

图 4.6　示例程序的干涉图

习题 4.3　根据上面建议的算法实现函数 `build_interference`，该函数返回干涉图。

4.4　利用数独进行图着色

我们来讨论本章的主要事件，将变量映射到寄存器和栈单元。相互干扰的变量必须映射到不同的位置。根据干涉图，这意味着相邻的顶点必须映射到不同的位置。如果我们把位置看作颜色，那么寄存器分配问题就变成了图着色问题（Balakrishnan

1996；Rosen 2002）。

你可能比自己意识到的更熟悉图着色问题：流行的数独游戏就是图着色问题的一个例子。下面介绍如何从初始数独板构建图形。

- 每个数独方块在图中都有一个顶点。
- 如果相应的方块在同一行、同一列或同一个 3×3 区域中，则两个顶点之间存在边。
- 选择九种颜色以对应数字 1 到 9。
- 基于数独板上对数独方块的初始数字分配，将相应的颜色分配给图形中对应的顶点。

如果你能用九种颜色给图中其余的顶点着色，那么你也就解出了相应的数独游戏。图 4.7 显示了一个初始的数独游戏板和相应的带有彩色顶点的图。这里，我们使用了对彩色的单色表示，将数独数字 1 映射为黑色，2 映射为白色，3 映射为灰色。我们仅显示采样顶点（有色的）的边，因为显示所有顶点的边会使图形不可读。

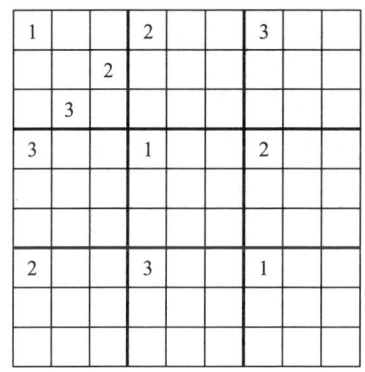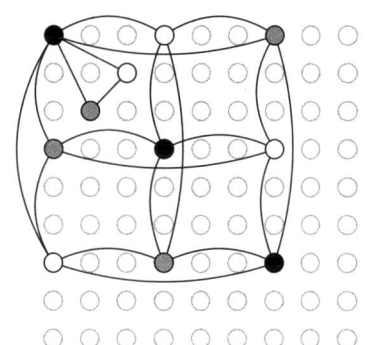

图 4.7　一个数独游戏板和相应的着色图

玩数独的一些技术对应于图着色算法中使用的启发式。例如，数独的基本技巧之一被称为铅笔记号。其想法是使用消除过程来确定哪些数字不再适用于方块，并将这些数字写在方块中（写得很小）。例如，如果数字 1 被分配给一个方块，那么在同一行、同一列和同一区域中的所有其他方块中写上铅笔记号 1，以表明 1 不再是这些方块的选项。铅笔记号技术对应于 Brélaz（1979）提出的饱和度概念。顶点的饱和度，用数独术语来说，是一组不可再用的数字。在图形术语中，我们有以下定义：

$$\text{saturation}(u) = \{c | \exists v, v \in \text{adjacent}(u) \text{ 且 } \text{color}(v) = c\}$$

其中 adjacent(u) 是与 u 共享边的顶点的集合。

铅笔记号技术带来了一种简单的数字填充策略：如果一个方块只剩下一个可能的数字，那么就选择那个数字！但是，如果剩下不止一种可能性的方块呢？一种蛮力方法是尝试所有的数字：选择第一个，如果最终找到解决方案，太棒了！如果没有，则回溯并选择下一种可能性。铅笔记号的一个优点是减少了搜索树中的分支程度。然而，回溯可能非常耗时。减少回溯量的一种方法是使用最大约束者优先启发式算法（也称为最小剩余值）（Russell and Norvig 2003）。也就是说，在选择方块时，总是选择剩余可能性最小的一个（饱和度最高的顶点）。其想法是，尽早选择高度约束的方块比晚选择要更好，因为在这之后，在高度饱和的方块中可能不会留下任何可能性。

然而，寄存器分配比数独更容易，因为当寄存器用完时，寄存器分配器可以回退到将变量分配到栈单元。因此，用贪心搜索取代回溯是有意义的：立即做出最好的选择并继续。我们仍然希望最小化所需的颜色数量，因此在贪心搜索中使用最大约束者优先启发式算法。图 4.8 给出了一个简单的贪心算法的伪码，该算法是基于饱和度和最大约束者优先的启发式寄存器分配算法。它大致相当于 DSATUR 图着色算法（Brélaz 1979）。就像在数独中一样，该算法用整数表示颜色。整数 0 到 $k-1$ 对应于我们用于寄存器分配的 k 个寄存器。特别是，我们建议采用以下对应关系，其中 k=11。

```
0: rcx, 1: rdx, 2: rsi, 3: rdi, 4: r8, 5: r9,
6: r10, 7: rbx, 8: r12, 9: r13, 10: r14
```

算法：DSATUR
输入：图 G
输出：每个顶点 $v \in G$ 的颜色赋值 color[v]

$W \leftarrow$ vertices (G)
while $W \neq \emptyset$ do
  从 W 中取饱和度最高的顶点 u，
      随机断开连线
  找不在 {color [v]: $v \in$ adjacent (u)} 中的最小值颜色 c
  color [u] $\leftarrow c$
  $W \leftarrow W$-{u}

图 4.8　基于饱和度的贪心图着色算法

整数 k 和更大的整数对应于栈空间。对那些不用于寄存器分配的寄存器（如 rax）指派负整数。特别地，我们建议以下的对应关系。

-1: rax, -2: rsp, -3: rbp, -4: r11, -5: r15

有了 DSATUR 算法，让我们回到运行示例，并考虑如何为图 4.6 中所示的干涉图着色。我们对每个变量节点加破折号注释，表示尚未为其分配颜色。应该为每个寄存器节点（未显示）分配寄存器对应的编号，例如，rcx 的颜色编号为数字 0，rdx 的是 1。图中还显示了每个节点的饱和集，它们都是从空集开始的。

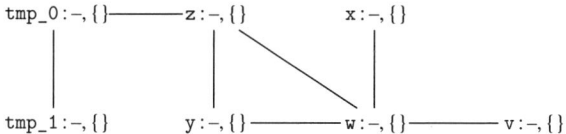

该算法要求选择一个最大饱和顶点，但此时它们都是等饱和度的。因此，我们抛硬币来选择 tmp_0，然后用第一个可用的整数（即 0）将其着色。我们将 0 标记为不可再用于 tmp_1 和 z，因为它们会干扰 tmp_0：

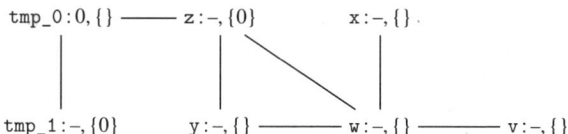

我们重复这个过程。现在，最大饱和度的顶点是 z 和 tmp_1，因此我们选择 z 并用第一个可用的数字（即 1）对其着色。我们将 1 添加到相邻顶点 tmp_0、y 和 w 的饱和度集中：

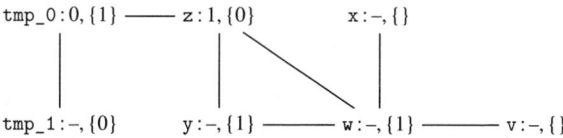

现在，最大饱和度的顶点是 tmp_1、w 和 y。我们用第一个可用颜色（即 0）为 w 上色：

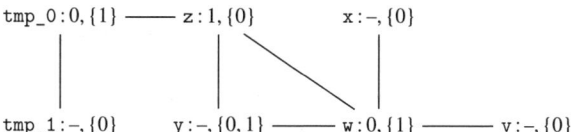

现在 y 是最饱和的，所以我们用 2 给它上色：

```
tmp_0:0,{1} ——— z:1,{0,2}      x:-,{0}
  |                   \         |
  |                    \        |
tmp_1:-,{0}       y:2,{0,1} ——— w:0,{1,2} ——— v:-,{0}
```

最大饱和度的顶点是 tmp_1、x 和 v，我们选择用 1 给 v 上色：

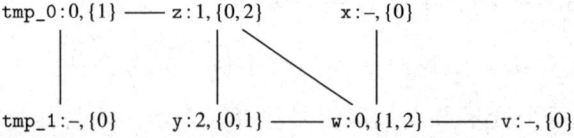

我们用 1 为剩下的两个变量 tmp_1 和 x 着色。

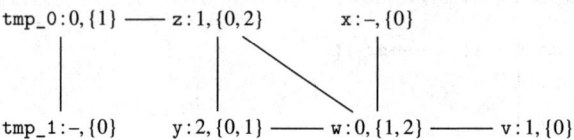

因此，我们获得了以下着色方案：

$\{\texttt{tmp\_0} \mapsto 0, \texttt{tmp\_1} \mapsto 1, z \mapsto 1, x \mapsto 1, y \mapsto 2, w \mapsto 0, v \mapsto 1\}$

建议创建名为 `color_graph` 的辅助函数，该函数接受一个干涉图和一个程序中所有变量的列表，返回变量到其颜色（表示为自然数）的映射。通过创建这个辅助函数，当我们在第 8 章中添加对函数的支持时，就能够重用它。

要在 `color_graph` 函数中优先处理高饱和度的节点，建议使用支撑代码文件 `priority_queue.py` 中的优先级队列数据结构。

着色完成后，我们完成了变量到寄存器和栈单元的分配。我们将前 k 种颜色映射到 k 个寄存器，将其余颜色映射到栈单元。假设现在只有一个寄存器（即 rcx）用于寄存器分配，则有以下分配：

$\{0 \mapsto \texttt{\%rcx}, 1 \mapsto \texttt{-8(\%rbp)}, 2 \mapsto \texttt{-16(\%rbp)}\}$

将该映射和着色进行组合，我们得到了以下变量到位置的分配。

$\{v \mapsto \texttt{-8(\%rbp)}, w \mapsto \texttt{\%rcx}, x \mapsto \texttt{-8(\%rbp)}, y \mapsto \texttt{-16(\%rbp)},$
$\quad z \mapsto \texttt{-8(\%rbp)}, \texttt{tmp\_0} \mapsto \texttt{\%rcx}, \texttt{tmp\_1} \mapsto \texttt{-8(\%rbp)}\}$

调整 `assign_homes` 编译遍中的代码（2.6 节），用为其分配的位置来替换变量。将这个分配应用于下面左侧的运行示例中，会产生右侧的程序。

```
movq $1, v                      movq $1, -8(%rbp)
movq $42, w                     movq $42, %rcx
movq v, x                       movq -8(%rbp), -8(%rbp)
addq $7, x                      addq $7, -8(%rbp)
movq x, y                       movq -8(%rbp), -16(%rbp)
movq x, z           ⇒           movq -8(%rbp), -8(%rbp)
addq w, z                       addq %rcx, -8(%rbp)
movq y, tmp_0                   movq -16(%rbp), %rcx
negq tmp_0                      negq %rcx
movq z, tmp_1                   movq -8(%rbp), -8(%rbp)
addq tmp_0, tmp_1               addq %rcx, -8(%rbp)
movq tmp_1, %rdi                movq -8(%rbp), %rdi
callq print_int                 callq print_int
```

习题 4.4 实现 `allocate_registers` 编译遍。创建 5 个程序来练习寄存器分配算法的所有方面，包括将变量溢出到栈。运行脚本 `run-tests.py` 来检查输出程序是否产生与输入程序相同的结果。

4.5 修补指令

编译到 x86 汇编的剩余步骤是确保指令最多有一个内存访问参数。在运行示例中，指令 `movq -8(%rbp), -16(%rbp)` 是有问题的。回想一下 2.7 节，修复方法是首先将 -8(%rbp) 传送到 rax，然后再将 rax 传送到 -16(%rbp)。从 -8(%rbp) 到 -8(%rbp) 的传送也有问题，但可以简单地将它删除。通常，我们建议删除所有源和目标位置相同的不必要的传送。下面是 `patch_instructions` 编译遍在运行示例上的输出。

```
movq $1, -8(%rbp)
movq $42, %rcx
movq -8(%rbp), -8(%rbp)         movq $1, -8(%rbp)
addq $7, -8(%rbp)               movq $42, %rcx
movq -8(%rbp), -16(%rbp)        addq $7, -8(%rbp)
movq -8(%rbp), -8(%rbp)         movq -8(%rbp), %rax
addq %rcx, -8(%rbp)    ⇒        movq %rax, -16(%rbp)
movq -16(%rbp), %rcx            addq %rcx, -8(%rbp)
negq %rcx                       movq -16(%rbp), %rcx
movq -8(%rbp), -8(%rbp)         negq %rcx
addq %rcx, -8(%rbp)             addq %rcx, -8(%rbp)
movq -8(%rbp), %rdi             movq -8(%rbp), %rdi
callq print_int                 callq print_int
```

习题 4.5 更新 `patch_instructions` 编译遍以删除不必要的传送。运行脚本来测试 `patch_instructions` 编译遍。

4.6 生成起始和收尾代码

回想一下，该编译遍生成起始和收尾代码的指令，以满足 x86 的调用约定（4.1 节）。随着寄存器分配器的添加，寄存器分配器使用的被调用者保存的寄存器必须在起始部分中保存，并在收尾部分中恢复。在 `allocate_registers` 编译遍中，为 `X86Program` 的 AST 节点添加一个名为 `used_callee` 的字段，用于存储分配给变量的被调用者保存的寄存器集。然后，`prelude_and_conclusion` 编译遍可以访问这些信息，以确定哪些被调用者保存的寄存器需要保存和恢复。在起始部分中计算调整 `rsp` 的量时，要确保把用于保存被调用者保存的寄存器的空间计算在内。此外，要记住帧需要是 16 字节的倍数！建议使用下面的公式来计算要从 `rsp` 中减去的量 A。设 S 是溢出变量[⊖]使用的栈单元数量，C 是分配给变量的被调用者保存的寄存器数量。函数 $align$ 将数字向上舍入到最接近的 16 个字节。

$$A = align\,(8S + 8C) - 8C$$

在该等式中减去 $8C$ 的原因是起始部分使用 `pushq` 来保存每个被调用者保存的寄存器，并且 `pushq` 从 `rsp` 中减去 8。

图 4.9 显示了为运行示例（图 4.1）生成的 x86 汇编代码。为演示寄存器和栈的使用，我们限制本例的寄存器分配器仅使用两个寄存器：`rcx`（颜色 0）和 `rbx`（颜色 1）。在 `main` 函数的起始部分，将 `rbx` 压入栈，因为它是被调用者保存的寄存器，并且已由寄存器分配器分配给了变量。在起始部分的末尾，从 `rsp` 中减去 8，为一个溢出变量保留空间。在该减法之后，`rsp` 被对齐到 16 个字节。

继续回到程序本身，我们看寄存器是如何分配的。变量 v、x、y 和 `tmp_0` 被分配给 `rcx`，变量 w 和 `tmp_1` 被分配给 `rbx`。变量 z 溢出到栈单元 -16(%rbp)。回想一下，起始部分将被调用者保存的寄存器 `rbx` 保存到栈中。溢出的变量必须放在栈中，其位置在被调用者保存的寄存器的位置下方，因此在本例中，z 被放在 -16(%rbp)。

在收尾部分，我们撤销了起始部分所做的工作。将栈指针上移 8 个字节（溢出变量的空间），然后弹出 `rbx` 和 `rbp`（被调用者保存的寄存器）的旧值，并以 `retq` 结束，将控制返回到操作系统。

⊖ 有时两个或多个溢出变量被分配到同一栈单元，因此 S 可以小于溢出变量的数量。

```
        .globl main
main:
    pushq %rbp
    movq %rsp, %rbp
    pushq %rbx
    subq $8, %rsp
    movq $1, %rcx
    movq $42, %rbx
    addq $7, %rcx
    movq %rcx, -16(%rbp)
    addq %rbx, -16(%rbp)
    negq %rcx
    movq -16(%rbp), %rbx
    addq %rcx, %rbx
    movq %rbx, %rdi
    callq print_int
    addq $8, %rsp
    popq %rbx
    popq %rbp
    retq
```

图 4.9　运行示例（图 4.1）的 x86 汇编输出，限制分配仅到 rbx 和 rcx

习题 4.6　按照本节的说明更新 `prelude_and_conclusion` 编译遍。运行该脚本以测试执行寄存器分配的完整的 $\mathcal{L}_{\text{Var}}$ 语言编译器。

4.7　挑战：传送偏置

本节为那些寻找升级挑战的学生描述一种对寄存器分配器的增强算法，称为传送偏置。

为了说明需要传送偏置的原因，回到运行示例并回顾 4.5 节的内容，我们能够从运行示例中删除三条不必要的传送指令。然而，如果我们能够将 y 和 `tmp_0` 分配给同一个寄存器，则可以删除另一个不必要的传送。

我们说两个变量 p 和 q 是传送相关的，如果它们同时参与同一条 `movq` 指令，即 `movq` p, q，或者 `movq` q, p。回想一下，我们优先给更饱和的变量着色，在变量等饱和的情况下，我们只能随机选择一个。现在，我们通过一个策略打破僵局：优先选可用颜色与传送相关变量的颜色相同的变量。此外，当寄存器分配器为变量选择颜色时，它应该优先选择已经用于传送相关变量的颜色（如果存在的话）（并假设它们不会干扰）。此首选项不应覆盖寄存器优先于栈单元的选项原则。因此，这一优先项策略应该可以打破在两个寄存器之间或两个栈单元之间进行选择的僵局。

我们建议在图中表示传送关系，类似于表示干扰的方式。下面是运行示例的传送图：

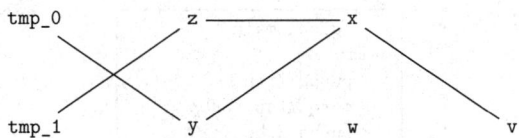

现在我们重放图着色过程，在 w 着色之前暂停。回忆下面的配置。饱和度最高的顶点是 tmp_1、w 和 y。

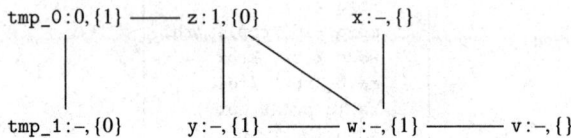

我们随机选择了将 w 而不是 tmp_1 或 y 着色。然而，请注意，w 不与任何变量传送相关，而 y 和 tmp_1 分别与 tmp_0 和 z 传送相关。如果我们选择 y 并将其着色为 0，则可以删除另一条传送指令。

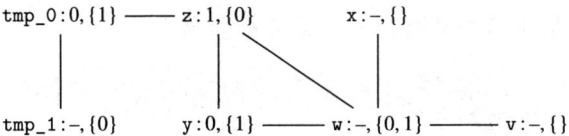

现在 w 是饱和度最高的，所以，我们将其着色为 2。

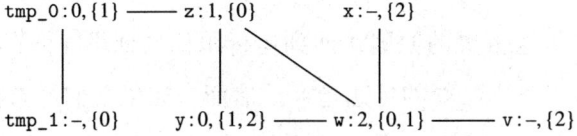

继续完成着色，x 和 v 得到 0，tmp_1 得到 1。

tmp_0:0,{1} ——— z:1,{0}   x:0,{2}
  | \\
tmp_1:1,{0}   y:0,{1,2} ——— w:2,{0,1} ——— v:0,{2}

因此，我们有下面的变量到寄存器的分配：

$$\{v \mapsto \%rcx,\ w \mapsto -16(\%rbp),\ x \mapsto \%rcx,\ y \mapsto \%rcx,\\ z \mapsto -8(\%rbp),\ tmp\_0 \mapsto \%rcx,\ tmp\_1 \mapsto -8(\%rbp)\}$$

我们将此寄存器分配应用于下面左侧所示的运行示例，获得中间所示的代码。然后，`patch_instructions` 编译遍再删除非必要的传送指令，获得右侧所示的代码。

```
movq $1, v              movq $1, %rcx
movq $42, w             movq $42, -16(%rbp)
movq v, x               movq %rcx, %rcx              movq $1, %rcx
addq $7, x              addq $7, %rcx                movq $42, -16(%rbp)
movq x, y               movq %rcx, %rcx              addq $7, %rcx
movq x, z               movq %rcx, -8(%rbp)          movq %rcx, -8(%rbp)
addq w, z        ⇒      addq -16(%rbp), -8(%rbp) ⇒   movq -16(%rbp), %rax
movq y, tmp_0           movq %rcx, %rcx              addq %rax, -8(%rbp)
negq tmp_0              negq %rcx                    negq %rcx
movq z, tmp_1           movq -8(%rbp), -8(%rbp)      addq %rcx, -8(%rbp)
addq tmp_0, tmp_1       addq %rcx, -8(%rbp)          movq -8(%rbp), %rdi
movq tmp_1, %rdi        movq -8(%rbp), %rdi          callq print_int
callq _print_int        callq _print_int
```

习题 4.7 更改 `allocate_registers` 编译遍的实现，将传送偏置考虑在内。创建两个新的测试，其中至少包含一次传送偏置机会，目视检查输出的 x86 汇编程序以确保传送偏置工作正常。确保编译器仍然能通过所有测试。

4.8 进一步阅读

早期的寄存器分配算法是在 20 世纪 50 年代为 Fortran 编译器开发的（Horwitz et al. 1966；Backus 1978）。图着色的使用始于 20 世纪 70 年代末和 80 年代初，当时 Chaitin 等人（1981）研究了 PL/I 的优化编译器。该算法基于 Kempe（1879）的以下观察：如果图 G 有一个度小于 k 的顶点 v，且如果去掉 v 的 G 的子图也是 k 可着色的，则 G 是 k 可着色的。为了理解原因，先假设子图是 k 可着色的。在最坏的情况下，v 的邻居被分配了不同的颜色，但由于邻居少于 k 个，因此可将剩余一个或多个颜色用于为 G 中的 v 着色。

Chaitin 等人（1981）的算法从图中移除度小于 k 的顶点 v，并递归地为图的其余部分着色。从递归返回时，它用可用颜色之一为 v 着色并返回。Chaitin（1982）对该算法进行了如下扩展以处理溢出。如果没有度低于 k 的顶点，则随机选择一个顶点将其溢出，并将其从图中删除，然后继续递归地为图的其余部分着色。

在着色之前，Chaitin 等人（1981）在一个称为合并的过程中合并了传送相关且彼此互不干扰的变量。虽然合并减少了传送数量，但它会使图形更难着色。Briggs、Cooper 和 Torczon（1994）提出了保守合并，即只有当两个变量具有不到 k 个高度邻居时才将其合并。George 和 Appel（1996）观察到，保守合并有时过于保守，并且通过迭代合并和删除低度顶点使其更强大。Briggs、Cooper 和 Torczon（1994）从不同的角度处理该问题，还提出了有偏着色，即如果可能的话，为一个变量分配与另一个传送相关变量相同的颜色，如 4.7 节所述。Chaitin 等人（1981）的算法及其后续算法迭代地执行合并、图着色和溢出代码插入，直到所有变量都被分配了位置。

Briggs、Cooper 和 Torczon（1994）观察到，Chaitin（1982）有时会溢出不是必须溢出的变量：如果一个高度变量的许多相邻变量都被分配了相同的颜色，那么该高度变量是可着色的。Briggs、Cooper 和 Torczon（1994）提出了乐观着色，其中高度顶点不会立即溢出。相反，决策被推迟到递归调用之后，此时是否存在可用颜色是显而易见的。我们观察到，如果将前 k 种颜色作为寄存器，将其余颜色作为栈单元，则该算法等效于最小最后排序算法（Matula、Marble，and Isaacson 1972）。印第安纳大学编译课程的早期版本（Dybvig and Keep 2010）基于 Briggs、Cooper 和 Torczon（1994）的算法。

最小最后排序算法是众多贪心着色算法中的一种。贪心着色算法按特定顺序访问所有顶点，并为每个顶点分配第一个可用的颜色。离线贪心算法选择在分配颜色之前预先排序。Chaitin 等人（1981）的算法应该被认为是离线的，因为顶点顺序不依赖于指定的颜色。也可以有其他排序。例如，Chow 和 Hennessy（1984）根据运行时成本的估计对变量进行排序。

在线贪心着色算法使用有关当前颜色分配的信息来影响其余顶点的着色顺序。本章中描述的基于饱和度的算法就是这样一种算法。我们选择使用基于饱和度的着色算法是因为通过数独引入图着色很有趣！

寄存器分配器可以选择将每个变量仅映射到一个位置，如 Chaitin 等人（1981）的算法，也可以选择将变量映射到一个或多个位置。后者可以通过活跃范围划分实现，其中一个变量被几个变量取代，每个变量处理其活跃范围的一部分（Chow and Hennessy 1984；Briggs，Cooper and Torczon 1994；Cooper and Simpson 1998）。

Palsberg（2007）观察到，JoeQ 编译器中 Java 程序产生的许多干涉图都是弦图；也就是说，每个具有四条或更多条边的环都有一条边不是环的一部分，而是连接环上的两个顶点的边。这样的图可以通过贪心算法进行最优着色，该贪心算法采用最大基数搜索确定顶点排序。

在编译时间极其重要的情况下，例如在即时编译器中，图着色算法可能过于昂贵，Poletto 和 Sarkar（1999）的线性扫描算法可能更合适。

第 5 章

布尔值和条件表达式

$\mathcal{L}_{\mathrm{Var}}$ 语言只有一种值,即整数。在本章中,我们添加第二种值——布尔值,以创建 $\mathcal{L}_{\mathrm{If}}$ 语言。在 Python 中,布尔值真和假分别写为 True 和 False。$\mathcal{L}_{\mathrm{If}}$ 语言涉及多个布尔值的操作(and、or、not、==、<, 等等),还包含 if 条件表达式和语句。通过添加 if,程序可以具有非平凡控制流,这会影响活跃性分析并催生了名为 explicate_control 的新编译遍。此外,因为我们现在有两种类型的值,所以需要处理将操作应用于错误类型的值的程序,例如 not 1。

对于这种情况,有两种语言设计选项。一种是发出错误信号,另一种是提供更广泛的操作解释。Python 混合使用这两个选项,具体取决于操作和值的类型。例如,not 1 的结果为 False,因为 Python 将非零整数视为 True。另一方面,1[0] 在 Python 中导致运行时错误,因为"int 对象不可进行下标引用"。

MyPy 类型检查器做出了与 Python 类似的设计选择,只是大多数错误检测发生在编译时而不是运行时(Lehtosalo 2021)。MyPy 接受 not 1。但在 1[0] 的情况下,MyPy 报告了一个编译时错误,指出"int 类型的值不可索引"。

像 MyPy 一样,$\mathcal{L}_{\mathrm{If}}$ 语言在编译期间执行类型检查。在第 10 章中,我们将研究另一种选择,即像 Python 这样的动态类型语言。$\mathcal{L}_{\mathrm{If}}$ 语言是 MyPy 的一个子集,它对于某些操作的限制性更强,例如,拒绝 not 1。我们保持 $\mathcal{L}_{\mathrm{if}}$ 的类型检查器相对简单,因为本书的重点是编译而不是类型系统,关于类型系统已经有几本优秀的书(Pierce 2002, 2004; Harper 2016; Pierce et al. 2018)。

本章的组织结构如下。我们首先定义 $\mathcal{L}_{\mathrm{If}}$ 语言的语法和解释器(5.1 节)。然后介绍类型检查(也称为语义分析)的概念,并定义 $\mathcal{L}_{\mathrm{If}}$ 的类型检查器(5.2 节)。本章的其余部分讨论布尔值和条件控制流需要如何更改现有的编译器遍并添加新的编译遍。我们引入收缩编译遍来将一些运算符转换为其他运算符,从而减少在后续编译遍中需要处理的运算符的数量。本章主要介绍负责将 if 语句转换为条件转移语句 goto 的 explicate_control 编译遍(5.7 节)。关于寄存器分配,有一个有趣的问题,即如何在活跃性分析期间处理条件转移语句。

5.1 $\mathcal{L}_{\text{If}}$ 语言

$\mathcal{L}_{\text{If}}$ 语言的具体语法和抽象语法的定义分别如图 5.1 和图 5.2 所示。$\mathcal{L}_{\text{If}}$ 语言包括 $\mathcal{L}_{\text{Var}}$ 的全部（以灰色显示）、布尔常量 True 和 False、if 表达式和 if 语句。我们扩充了运算符集合，包括：

- 逻辑运算符 and、or 和 not。
- 用于比较整数或布尔值是否相等的运算符 == 和 !=。
- 用于比较整数的运算符 <、<=、> 和 >=。

```
exp   ::= int | input_int() | - exp | exp + exp | exp - exp | (exp)
stmt  ::= print(exp) | exp
exp   ::= var
stmt  ::= var = exp
cmp   ::= == | != | < | <= | > | >=
exp   ::= True | False | exp and exp | exp or exp | not exp
        | exp cmp exp | exp if exp else exp
stmt  ::= if exp: stmt⁺ else: stmt⁺
𝓛_If  ::= stmt*
```

图 5.1 $\mathcal{L}_{\text{If}}$ 语言的具体语法，用布尔值和条件表达式扩展了 $\mathcal{L}_{\text{Var}}$ 语言（图 2.1）

```
exp     ::= Constant(int) | Call(Name('input_int'),[])
          | UnaryOp(USub(),exp) | BinOp(exp,Add(),exp)
          | BinOp(exp,Sub(),exp)
stmt    ::= Expr(Call(Name('print'),[exp])) | Expr(exp)
exp     ::= Name(var)
stmt    ::= Assign([Name(var)], exp)
boolop  ::= And() | Or()
cmp     ::= Eq() | NotEq() | Lt() | LtE() | Gt() | GtE()
bool    ::= True | False
exp     ::= Constant(bool) | BoolOp(boolop,[exp,exp])
          | UnaryOp(Not(),exp) | Compare(exp,[cmp],[exp])
          | IfExp(exp,exp,exp)
stmt    ::= If(exp, stmt⁺, stmt⁺)
𝓛_If    ::= Module(stmt*)
```

图 5.2 $\mathcal{L}_{\text{If}}$ 语言的抽象语法

图 5.3 所示是 $\mathcal{L}_{\text{If}}$ 语言的解释器的定义，它继承自 $\mathcal{L}_{\text{Var}}$ 语言的解释器（图 2.4）。常量 True 和 False 计算为相应的布尔值，这是从 $\mathcal{L}_{\text{Int}}$ 语言的解释器继承的行为（图 2.3）。条件表达式 e_2 if e_1 else e_3 计算表达式 e_1，然后根据 e_1 产生的是 True 还是 False

来决定是计算 e_2 还是 e_3。逻辑运算 and、or 和 not 按照命题逻辑进行。此外，and 和 or 运算执行短路计算。也就是说，对于给定的表达式 e_1 and e_2，如果 e_1 的计算结果为 False，则不计算表达式 e_2。类似地，对于给定的表达式 e_1 or e_2，如果 e_1 的计算结果为 True，则不计算表达式 e_2。

```
class InterpLif(InterpLvar):
  def interp_exp(self, e, env):
    match e:
      case IfExp(test, body, orelse):
        if self.interp_exp(test, env):
          return self.interp_exp(body, env)
        else:
          return self.interp_exp(orelse, env)
      case UnaryOp(Not(), v):
        return not self.interp_exp(v, env)
      case BoolOp(And(), values):
        if self.interp_exp(values[0], env):
          return self.interp_exp(values[1], env)
        else:
          return False
      case BoolOp(Or(), values):
        if self.interp_exp(values[0], env):
          return True
        else:
          return self.interp_exp(values[1], env)
      case Compare(left, [cmp], [right]):
        l = self.interp_exp(left, env)
        r = self.interp_exp(right, env)
        return self.interp_cmp(cmp)(l, r)
      case _:
        return super().interp_exp(e, env)

  def interp_stmt(self, s, env, cont):
    match s:
      case If(test, body, orelse):
        match self.interp_exp(test, env):
          case True:
            return self.interp_stmts(body + cont, env)
          case False:
            return self.interp_stmts(orelse + cont, env)
      case _:
        return super().interp_stmt(s, env, cont)
  ...
```

图 5.3 $\mathcal{L}_{\text{If}}$ 语言的解释器（interp_cmp 见图 5.4）

```
class InterpLif(InterpLvar):
  ...
  def interp_cmp(self, cmp):
    match cmp:
      case Lt():
```

图 5.4 $\mathcal{L}_{\text{If}}$ 语言中比较运算符的解释器

```
            return lambda x, y: x < y
        case LtE():
            return lambda x, y: x <= y
        case Gt():
            return lambda x, y: x > y
        case GtE():
            return lambda x, y: x >= y
        case Eq():
            return lambda x, y: x == y
        case NotEq():
            return lambda x, y: x != y
```

图 5.4 $\mathcal{L}_{\mathrm{If}}$ 语言中比较运算符的解释器（续）

5.2 $\mathcal{L}_{\mathrm{If}}$ 程序的类型检查

以两种互补的方式考虑类型检查是有帮助的。类型检查器预测程序中每个表达式将产生的值的类型。对于 $\mathcal{L}_{\mathrm{If}}$ 语言，我们只有 `int` 和 `bool` 两种类型。因此，类型检查器应该预测

```
10 + -(12 + 20)
```

产生一个 `int` 类型的值，而

```
(not False) and True
```

产生一个 `bool` 类型的值。

考虑类型检查的第二种方式是强制实施一组规则，即哪些运算符可以应用于哪些类型的值。例如，$\mathcal{L}_{\mathrm{if}}$ 的类型检查器对下面的表达式发出错误信号：

```
not (10 + -(12 + 20))
```

子表达式 (10+-(12+20)) 是 `int` 类型，但是类型检查器强制规定 `not` 的参数必须是 `bool` 类型的表达式。

我们使用类和方法实现类型检查，因为当我们在后续章节中扩展类型检查器时，它们提供了重用代码所需的开放递归，类似于在语言解释器中的类和方法的使用（2.1.1 节）。

我们将 $\mathcal{L}_{\mathrm{Var}}$ 语言子集的类型检查器分离到它自己的类中，如图 5.5 所示。$\mathcal{L}_{\mathrm{If}}$ 语言的类型检查器如图 5.6 所示，它继承了 $\mathcal{L}_{\mathrm{Var}}$ 的类型检查器。这些类型检查器位于支持代码的 `type_check_Lvar.py` 和 `type_check_Lif.py` 文件中。每个类型检查器都是 AST 上的一个结构递归函数。给定输入表达式 e，类型检查器要么发出错误信号，要么返回其类型。

```
class TypeCheckLvar:
  def check_type_equal(self, t1, t2, e):
    if t1 != t2:
      msg = 'error: ' + repr(t1) + ' != ' + repr(t2) + ' in ' + repr(e)
      raise Exception(msg)

  def type_check_exp(self, e, env):
    match e:
      case BinOp(left, (Add() | Sub()), right):
        l = self.type_check_exp(left, env)
        check_type_equal(l, int, left)
        r = self.type_check_exp(right, env)
        check_type_equal(r, int, right)
        return int
      case UnaryOp(USub(), v):
        t = self.type_check_exp(v, env)
        check_type_equal(t, int, v)
        return int
      case Name(id):
        return env[id]
      case Constant(value) if isinstance(value, int):
        return int
      case Call(Name('input_int'), []):
        return int

  def type_check_stmts(self, ss, env):
    if len(ss) == 0:
      return
    match ss[0]:
      case Assign([Name(id)], value):
        t = self.type_check_exp(value, env)
        if id in env:
          check_type_equal(env[id], t, value)
        else:
          env[id] = t
        return self.type_check_stmts(ss[1:], env)
      case Expr(Call(Name('print'), [arg])):
        t = self.type_check_exp(arg, env)
        check_type_equal(t, int, arg)
        return self.type_check_stmts(ss[1:], env)
      case Expr(value):
        self.type_check_exp(value, env)
        return self.type_check_stmts(ss[1:], env)

  def type_check_P(self, p):
    match p:
      case Module(body):
        self.type_check_stmts(body, {})
```

图 5.5 $\mathcal{L}_{\mathrm{Var}}$ 语言的类型检查器

```
class TypeCheckLif(TypeCheckLvar):
  def type_check_exp(self, e, env):
    match e:
      case Constant(value) if isinstance(value, bool):
        return bool
```

图 5.6 $\mathcal{L}_{\mathrm{If}}$ 语言的类型检查器

```
            case BinOp(left, Sub(), right):
                l = self.type_check_exp(left, env); check_type_equal(l, int, left)
                r = self.type_check_exp(right, env); check_type_equal(r, int, right)
                return int
            case UnaryOp(Not(), v):
                t = self.type_check_exp(v, env); check_type_equal(t, bool, v)
                return bool
            case BoolOp(op, values):
                left = values[0] ; right = values[1]
                l = self.type_check_exp(left, env); check_type_equal(l, bool, left)
                r = self.type_check_exp(right, env); check_type_equal(r, bool, right)
                return bool
            case Compare(left, [cmp], [right]) if isinstance(cmp, Eq) \
                                              or isinstance(cmp, NotEq):
                l = self.type_check_exp(left, env)
                r = self.type_check_exp(right, env)
                check_type_equal(l, r, e)
                return bool
            case Compare(left, [cmp], [right]):
                l = self.type_check_exp(left, env); check_type_equal(l, int, left)
                r = self.type_check_exp(right, env); check_type_equal(r, int, right)
                return bool
            case IfExp(test, body, orelse):
                t = self.type_check_exp(test, env); check_type_equal(bool, t, test)
                b = self.type_check_exp(body, env)
                o = self.type_check_exp(orelse, env)
                check_type_equal(b, o, e)
                return b
            case _:
                return super().type_check_exp(e, env)

    def type_check_stmts(self, ss, env):
        if len(ss) == 0:
            return
        match ss[0]:
            case If(test, body, orelse):
                t = self.type_check_exp(test, env); check_type_equal(bool, t, test)
                b = self.type_check_stmts(body, env)
                o = self.type_check_stmts(orelse, env)
                check_type_equal(b, o, ss[0])
                return self.type_check_stmts(ss[1:], env)
            case _:
                return super().type_check_stmts(ss, env)
```

图 5.6 $\mathcal{L}_{\text{If}}$ 语言的类型检查器（续）

接下来，我们讨论图 5.5 所示的 $\mathcal{L}_{\text{Var}}$ 的 `type_check_exp` 函数。整型常量的类型是 `int`。为了处理变量，类型检查器使用环境 `env` 将变量映射到类型。考虑赋值的情况。我们对初始化表达式进行类型检查以获得其类型 `t`。如果变量 `id` 已经在环境中（因为之前有对 `id` 的赋值），则检查这个初始化表达式是否与前一个具有相同的类型。如果这是对变量的第一次赋值，则在环境中将类型 `t` 与变量 `id` 相关联。这样，当类型检查器遇到变量 `x` 的使用时，它可以在环境中找到其类型。关于加法、减法和取负值，我们递归地分析参数，检查它们的类型是否为 `int`，并返回 `int`。

如果两种类型不相等，辅助方法 `check_type_equal` 会触发一个错误。

$\mathcal{L}_{\text{If}}$ 语言的类型检查器的定义如图 5.6 所示。布尔常量的类型是 `bool`。逻辑运算符 `not` 要求其参数是 `bool` 类型，并且结果类型也是 `bool`。逻辑运算符 `and` 和 `or` 与此类似。相等运算符要求它的两个参数具有相同的类型，因此，我们将该运算符与其他运算符分开处理。其他的比较运算符（比如小于）要求其参数为 `int` 类型，并且结果类型是 `bool`。`if` 语句的条件必须是 `bool` 类型，并且它的两个分支必须具有同样的类型。

习题 5.1 创建十个新的 $\mathcal{L}_{\text{If}}$ 测试程序。要求其中一半的程序应该有类型错误，另一半测试程序不应有类型错误。运行测试脚本，检查这些测试程序是否按预期进行类型检查。

5.3 $\mathcal{C}_{\text{If}}$ 中间语言

`explicate_control` 编译遍的输出是一种类似于 $\mathcal{C}$ 语言（Kernighan and Ritchie 1988）的语言，它具有标号和 `goto` 语句，所以我们将其命名为 $\mathcal{C}_{\text{If}}$。$\mathcal{C}_{\text{If}}$ 语言支持 $\mathcal{L}_{\text{if}}$ 语言中的大多数运算符，但运算符的参数仅限于原子表达式。$\mathcal{C}_{\text{If}}$ 语言不包括 `if` 表达式，但它确实包括一个 `if` 语句的受限形式。条件必须是比较，并且它的两个分支只能包含 `goto` 语句。这些限制使得将 `if` 语句转换为 x86 汇编更容易。$\mathcal{C}_{\text{If}}$ 语言还添加了一个 `return` 语句，以使用指定的值来结束程序。`CProgram` 结构体包含一个字典，将标号映射到以尾语句结束的语句列表，该尾语句可以是 `return` 语句、`goto` 语句、或者 `if` 语句。`goto` 语句将控制转移到与其标号相关联的语句序列。图 5.7 显示了 $\mathcal{C}_{\text{If}}$ 中间语言的具体语法，图 5.8 显示了其抽象语法。

```
atm   ::=  int | var | bool
exp   ::=  atm | input_int() | - atm | atm + atm | atm - atm | atm cmp atm
stmt  ::=  print(atm) | exp | var = exp
tail  ::=  return exp | goto label
      |    if atm cmp atm: goto label else: goto label
𝒞_If  ::=  (label: stmt* tail) …
```

图 5.7 $\mathcal{C}_{\text{If}}$ 中间语言的具体语法

```
atm  ::=  Constant(int) | Name(var) | Constant(bool)
exp  ::=  atm | Call(Name('input_int'),[]) | UnaryOp(USub(),atm)
     |    BinOp(atm,Sub(),atm) | BinOp(atm,Add(),atm)
     |    Compare(atm,[cmp],[atm])
```

图 5.8 $\mathcal{C}_{\text{If}}$ 中间语言的抽象语法

```
stmt    ::=  Expr(Call(Name('print'),[atm])) | Expr(exp)
        |    Assign([Name(var)], exp)
tail    ::=  Return(exp) | Goto(label)
        |    If(Compare(atm,[cmp],[atm]), [Goto(label)], [Goto(label)])
C_If    ::=  CProgram({label: [stmt, …, tail], …})
```

图 5.8 C_{If} 中间语言的抽象语法（续）

5.4 x86$_{If}$ 语言

为了实现布尔值、新的逻辑运算、比较运算以及 if 表达式和语句，我们进一步研究 x86 汇编语言。图 5.9 和图 5.10 给出了 x86 语言的子集 x86$_{If}$ 的具体语法和抽象语法的定义，其中包括逻辑运算、比较和跳转的指令。x86$_{If}$ 程序的抽象语法包含一个字典，将标号映射到指令序列，每个指令序列称为一个基本块。

```
reg     ::=  rsp | rbp | rax | rbx | rcx | rdx | rsi | rdi |
             r8 | r9 | r10 | r11 | r12 | r13 | r14 | r15
arg     ::=  $int | %reg | int(%reg)
instr   ::=  addq arg,arg | subq arg,arg | negq arg | movq arg,arg |
             pushq arg | popq arg | callq label | retq | jmp label |
             label: instr
bytereg ::=  ah | al | bh | bl | ch | cl | dh | dl
arg     ::=  %bytereg
cc      ::=  e | ne | l | le | g | ge
instr   ::=  xorq arg, arg | cmpq arg, arg | setcc arg | movzbq arg, arg
        |    jcc label
x86_If  ::=  .globl main
             main: instr …
```

图 5.9 x86$_{If}$ 语言的具体语法（扩展了图 2.5 中的 x86$_{Int}$ 语言）

```
reg     ::=  rsp | rbp | rax | rbx | rcx | rdx | rsi | rdi |
             r8 | r9 | r10 | r11 | r12 | r13 | r14 | r15
arg     ::=  Immediate(int) | Reg(reg) | Deref(reg,int)
instr   ::=  Instr('addq',[arg,arg]) | Instr('subq',[arg,arg])
        |    Instr('negq',[arg]) | Instr('movq',[arg,arg])
        |    Instr('pushq',[arg]) | Instr('popq',[arg])
        |    Callq(label,int) | Retq() | Jump(label)
block   ::=  instr⁺
bytereg ::=  'ah' | 'al' | 'bh' | 'bl' | 'ch' | 'cl' | 'dh' | 'dl'
arg     ::=  Immediate(int) | Reg(reg) | Deref(reg,int) | ByteReg(bytereg)
cc      ::=  'e' | 'ne' | 'l' | 'le' | 'g' | 'ge'
instr   ::=  Jump(label)
        |    Instr('xorq',[arg,arg]) | Instr('cmpq',[arg,arg])
        |    Instr('set'+cc,[arg]) | Instr('movzbq',[arg,arg])
        |    JumpIf(cc,label)
x86_If  ::=  X86Program({label: block, …})
```

图 5.10 x86$_{If}$ 语言的抽象语法（扩展了图 2.9 中的 x86$_{Int}$ 语言）

由于 x86 汇编不直接支持布尔值，因此我们采用通常的方法将布尔值编码为整数，True 为 1，False 为 0。

此外，x86 不提供直接实现逻辑非的指令（$\mathcal{L}_{\text{If}}$ 和 $\mathcal{C}_{\text{If}}$ 语言中的 not）。然而，xorq 指令可以用于对 not 进行编码。xorq 指令接受两个参数，对其参数的每一位执行成对异或（XOR）运算，并将结果写入第二个参数。回忆下面的异或真值表：

	0	1
0	0	1
1	1	0

例如，将 XOR 应用于二进制数 0011 和 0101 的每一位，产生 0110。请注意，在表中位 1 的行中，结果与第二位相反。因此，not 操作可以通过以 1 作为第一个参数的 xorq 来实现，如下所示，其中 *arg* 是 *atm* 的 x86 转换结果：

```
var = not atm      ⇒     movq arg,var
                         xorq $1,var
```

接下来，我们考虑与比较运算编译相关的 x86 指令。cmpq 指令比较其两个参数，以确定一个参数是否小于、等于或大于另一个参数。cmpq 指令在参数的顺序和结果的位置方面是不同寻常的。参数顺序是倒序的：如果要测试是否 $x < y$，则写 cmpq *y*, *x*。cmpq 的结果被放在专用的 EFLAGS 寄存器中。该寄存器不能直接访问，但有多条指令可以对其进行查询，包括 set 指令。指令 set *cc d* 将 1 或 0 放入目标 *d* 中，这取决于 EFLAGS 寄存器的内容是否与条件代码 *cc* 匹配：e 表示等于，l 表示小于，le 表示小于或等于，g 表示大于，ge 表示大于或等于。set 指令有一个特殊限制，即它的目标参数必须是一个单字节寄存器，例如 al（l 表示低位）或 ah（h 表示高位），它们是 rax 寄存器的一部分。幸运的是，movzbq 指令可以用于从单字节寄存器到普通的 64 位寄存器的传送。set 指令的抽象语法与具体语法的不同之处在于它将指令名与条件码分隔开。

用于跳转的 x86 指令与 if 表达式的编译相关。指令 jmp *label* 将程序计数器更新为指定标号之后的指令的地址。指令 jcc *label* 根据 EFLAGS 寄存器中的结果是否与条件码 *cc* 匹配，如果匹配，则更新程序计数器以指向标号后的指令；否则，继续下一条指令。与 set 的抽象语法一样，条件跳转的抽象语法将指令名与条件码分离。例如，JumpIf ('le','foo') 对应于 jle foo。由于条件跳转指令依赖于 EFLAGS 寄存器，因此通常在它前面紧跟一条 cmpq 指令来设置 EFLAGS 寄存器。

5.5 收缩 $\mathcal{L}_{\text{If}}$ 语言

shrink 编译遍将一些语言功能转换为其他功能，从而减少语言中的表达式种类。例如，逻辑运算符 and 和 or 的短路性质可以用 if 表示如下。

e_1 and e_2 $\Rightarrow$ e_2 if e_1 else False
e_1 or e_2 $\Rightarrow$ True if e_1 else e_2

通过在编译器的前端执行这些转换，后续的编译遍可以变得更短。

另一方面，转换有时会增加指令的数量，从而降低所生成代码的效率。例如，用加法和取负来表示减法：

$e_1 - e_2$ $\Rightarrow$ $e_1 + - e_2$

生成的代码有两条 x86 指令（negq 和 addq）而不是一条（subq）指令。因此，我们不建议将减法转换为加法和取负。

习题 5.2 实现 shrink 编译遍，通过将 and 和 or 运算翻译为 $\mathcal{L}_{\text{If}}$ 中的 if 表达式来将它们从语言中移除。创建四个涉及这些运算符的测试程序，运行脚本以在所有测试程序上测试编译器。

5.6 移除复杂操作数

remove_complex_operands 编译遍的输出语言是 $\mathcal{L}_{\text{If}}^{mon}$（见图 5.11），这是 $\mathcal{L}_{\text{If}}$ 语言的一元范式。布尔常量是原子表达式，但 if 表达式不是。if 的三个子表达式均可以是复杂表达式，但 not 运算符和比较运算符的操作数必须是原子的。我们添加了一种新的语言形式——Begin 表达式，以帮助翻译 if 表达式。在递归处理 if 的两个分支时，我们生成临时变量及其初始化表达式。然而，这些表达式可能有副作用，并且只有当 if 的条件为真（对于 then 分支）或为假（对于 else 分支）时才应执行。Begin 表达式提供了一种在 if 表达式的两个分支内初始化临时变量的方法。通常，Begin (ss, e) 形式执行语句 ss，然后返回表达式 e 的结果。

我们为 $\mathcal{L}_{\text{If}}$ 中的新功能向 rco_exp 和 rco_atom 函数添加处理情形。在递归处理子表达式时，请记住，当输出需要为 atm 时（如 $\mathcal{L}_{\text{If}}^{mon}$ 文法中所描述的），应该调用 rco_atom，而当输出应该为 exp 时，则调用 rco_exp。关于 if，尤其重要的一点是不要用临时变量代替它的条件，因为这将干扰即将到来的 explicate_control 编译遍中高质量输出的生成。

习题 5.3 将布尔常量和 `if` 的情况添加到 `rco_atom` 和 `rco_exp` 函数中。创建三个新的 $\mathcal{L}_{\text{If}}$ 程序来练习该编译遍中有趣的代码。

$$
\begin{array}{rcl}
atm & ::= & \text{Constant}(int) \mid \text{Name}(var) \\
exp & ::= & atm \mid \text{Call}(\text{Name}('\text{input\_int}'),[\,]) \\
& \mid & \text{UnaryOp}(\text{USub}(),atm) \mid \text{BinOp}(atm,\text{Add}(),atm) \\
& \mid & \text{BinOp}(atm,\text{Sub}(),atm) \\
stmt & ::= & \text{Expr}(\text{Call}(\text{Name}('\text{print}'),[atm])) \mid \text{Expr}(exp) \\
& \mid & \text{Assign}([\text{Name}(var)],\ exp) \\
\hline
atm & ::= & \text{Constant}(bool) \\
exp & ::= & \text{UnaryOp}(\text{Not}(),exp) \mid \text{Compare}(atm,[cmp],[atm]) \\
& \mid & \text{IfExp}(exp,exp,exp) \mid \text{Begin}(stmt^*,\ exp) \\
stmt & ::= & \text{If}(exp,\ stmt^*,\ stmt^*) \\
\mathcal{L}_{\text{If}}^{mon} & ::= & \text{Module}(stmt^*)
\end{array}
$$

图 5.11 $\mathcal{L}_{\text{If}}^{mon}$ 语言是 $\mathcal{L}_{\text{If}}$ 语言的一元范式（扩展了图 2.11 中的 $\mathcal{L}_{\text{Var}}^{mon}$）

5.7 详细控制

`explicate_control` 编译遍从 $\mathcal{L}_{\text{If}}$ 语言转换为 $\mathcal{C}_{\text{If}}$ 语言。要面临的主要挑战是，`if` 的条件在 $\mathcal{L}_{\text{If}}$ 语言中可以是任意表达式，而在 $\mathcal{C}_{\text{If}}$ 语言中则必须是比较。

作为一个说明示例，考虑以下程序，该程序将 `if` 表达式嵌套在另一个 `if` 的条件中：⊖

```
x = input_int()
y = input_int()
print(y + 2 if (x == 0 if x < 1 else x == 2) else y + 10)
```

编译 `if` 和比较操作的简单方法是单独处理每一个操作，而不管它们的上下文如何。每个比较将被转换为 `cmpq` 指令，后跟几条指令用来将结果从 EFLAGS 寄存器传送到通用寄存器或栈单元。每个 `if` 都将被转换为一个 `cmpq` 指令，然后是一个条件转移指令。在本例中，为内部 `if` 生成的代码如下：

```
cmpq $1, x
setl %al
movzbq %al, tmp
cmpq $1, tmp
je then_branch_1
jmp else_branch_1
```

⊖ 程序员很少编写嵌套的 `if` 表达式，但他们确实编写了涉及逻辑与的嵌套表达式，正如我们所看到的，这可以转化为 `if`。

注意，从 setl 开始的三条指令是冗余的：条件转移指令可以紧接在第一个 cmpq 指令之后立即出现。

我们的目标是编译 if 表达式，以便相关的比较指令直接出现在条件转移之前。例如，我们希望为内部 if 生成以下代码：

```
cmpq $1, x
jl then_branch_1
jmp else_branch_1
```

实现这一目标的一种方法是在 $\mathcal{L}_{\text{If}}$ 语言级别重新组织代码，将外部 if 推到内部 if 中，生成以下代码：

```
x = input_int()
y = input_int()
print(((y + 2) if x == 0 else (y + 10)) \
      if (x < 1) \
      else ((y + 2) if (x == 2) else (y + 10)))
```

遗憾的是，这种方法复制了外部 if 的两个分支，编译器绝不能复制代码！毕竟，这两个分支可以是非常大的表达式。

我们如何在不复制代码的情况下应用此转换？换句话说，程序的两个不同部分如何引用同一段代码呢？答案是，我们必须舍弃抽象语法树，而是使用图。这在 x86 汇编层很简单，因为我们可以标记每个分支的代码，并在需要执行分支的所有位置插入跳转指令。这样，跳转指令就是图中的边，而基本块就是节点。同样，$\mathcal{C}_{\text{If}}$ 语言提供了标记语句序列和通过 goto 跳转到语句标号的功能。

作为 explicate_control 编译遍将执行的操作的预览，图 5.12 显示了该示例中 explicate_control 编译遍的输出。注意其中每个 if 的条件是如何进行比较操作的，并且没有任何代码复制，而是使用标号和 goto 来实现代码共享。

我们建议使用以下 4 个辅助函数来实现 explicate_control 编译遍。

- explicate_effect 为表达式生成代码以作为语句，因此它们的结果被忽略，只需关注它们的副作用。
- explicate_assign 为赋值号右侧的表达式生成代码。
- explicate_pred 通过分析条件表达式为 if 表达式或语句生成代码。
- explicate_stmt 为语句生成代码。

这 4 个函数应该建立基本块的字典。下面的辅助函数 create_block 用于从语句列表中创建新的基本块。如果列表仅包含一个 goto 语句，则 create_block 返回该列表；否则 create_block 将创建一个新的基本块，并返回一个转移到其标号的 goto 指令。

```python
def create_block(stmts, basic_blocks):
  match stmts:
    case [Goto(l)]:
      return stmts
    case _:
      label = label_name(generate_name('block'))
      basic_blocks[label] = stmts
      return [Goto(label)]
```

```
x = input_int()                             start:
y = input_int()                                 x = input_int()
print(y + 2          \                          y = input_int()
    if (x == 0       \                          if x < 1:
        if x < 1     \            ⇒                goto block_6
        else x == 2) \                          else:
    else y + 10)                                  goto block_7
                                            block_6:
                                                if x == 0:
                                                  goto block_4
                                                else:
                                                  goto block_5
                                            block_7:
                                                if x == 2:
                                                  goto block_4
                                                else:
                                                  goto block_5
                                            block_4:
                                                tmp.82 = (y + 2)
                                                goto block_3
                                            block_5:
                                                tmp.82 = (y + 10)
                                                goto block_3
                                            block_3:
                                                print(tmp.82)
                                                return 0
```

图 5.12　通过 explicate_control 编译遍从 $\mathcal{L}_{\mathrm{If}}$ 语言到 $\mathcal{C}_{\mathrm{If}}$ 语言的翻译

图 5.13 提供了 explicate_control 编译遍的代码框架。

```python
def explicate_effect(e, cont, basic_blocks):
  match e:
    case IfExp(test, body, orelse):
      ...
    case Call(func, args):
      ...
    case Begin(body, result):
      ...
    case _:
      ...
```

图 5.13　explicate_control 编译遍的代码框架

```python
def explicate_assign(rhs, lhs, cont, basic_blocks):
  match rhs:
    case IfExp(test, body, orelse):
      ...
    case Begin(body, result):
      ...
    case _:
      return [Assign([lhs], rhs)] + cont
def explicate_pred(cnd, thn, els, basic_blocks):
  match cnd:
    case Compare(left, [op], [right]):
      goto_thn = create_block(thn, basic_blocks)
      goto_els = create_block(els, basic_blocks)
      return [If(cnd, goto_thn, goto_els)]
    case Constant(True):
      return thn;
    case Constant(False):
      return els;
    case UnaryOp(Not(), operand):
      ...
    case IfExp(test, body, orelse):
      ...
    case Begin(body, result):
      ...
    case _:
      return [If(Compare(cnd, [Eq()], [Constant(False)]),
              create_block(els, basic_blocks),
              create_block(thn, basic_blocks))]
def explicate_stmt(s, cont, basic_blocks):
  match s:
    case Assign([lhs], rhs):
      return explicate_assign(rhs, lhs, cont, basic_blocks)
    case Expr(value):
      return explicate_effect(value, cont, basic_blocks)
    case If(test, body, orelse):
      ...
def explicate_control(p):
  match p:
    case Module(body):
      new_body = [Return(Constant(0))]
      basic_blocks = {}
      for s in reversed(body):
        new_body = explicate_stmt(s, new_body, basic_blocks)
      basic_blocks[label_name('start')] = new_body
      return CProgram(basic_blocks)
```

图 5.13　explicate_control 编译遍的代码框架（续）

函数 explicate_effect 有三个参数：要编译的表达式，此表达式的延续部分（即应在此表达式之后执行的语句列表）的已编译代码，以及已生成的基本块的字典。explicate_effect 函数返回一个 C_{If} 语句的列表，可以将其添加到基本块的字典中。考虑要编译的表达式的一些情况。如果要编译的表达式是常量，则可以丢弃它，因为它没有副作用。如果它是 input_int()，那么它有副作用，应该保留。因此，应该使用 Expr 的 AST 类将表达式转换为语句。如果要编译的表达式是 if 表达式，我们使用 explicate_effect 翻译它的两个分支，然后使用 explicate_pred 翻译条件表达式，这将为整个 if 语句生成代码。

函数 explicate_assign 有四个参数：赋值号的右侧，赋值号的左侧（变量），延续部分，以及基本块的字典。函数 explicate_assign 返回一个 C_{If} 语句的列表，可以将其添加到基本块的字典中。

当右侧是 if 表达式时，需要做一些工作。特别是，应该使用 explicate_assign 翻译两个分支，使用 explicate_pred 翻译条件表达式。否则，我们可以简单地生成一个赋值语句，它具有给定的左侧和右侧，并与其延续部分相连接。

函数 explicate_pred 有四个参数：条件表达式，为 then 分支生成的语句，为 else 分支生成的语句，以及基本块的字典。函数 explicate_pred 返回一个语句列表，并将其添加到基本块的字典中。

考虑比较运算符的情况。我们将比较翻译为 if 语句，该语句的分支是通过对 thn 和 els 参数应用 create_block 创建的 goto 语句。让我们通过一个在尾部有 if 表达式的程序来说明这种翻译，如下所示，在其条件 x==0 时调用函数 explicate_pred。

```
x = input_int()
42 if x == 0 else 777
```

42 和 777 两个分支已经被编译为返回语句，我们现在从中创建以下块：

```
block_1:
    return 42;
block_2:
    return 777;
```

之后，explicate_pred 将比较 x==0 编译为以下 if 语句：

```
if x == 0:
    goto block_1;
else
    goto block_2;
```

接下来考虑布尔常量的情况。我们执行一种部分求值，并根据常数是 True 还是 False，决定输出 thn 或 els 参数。我们用下面的程序来说明这一点：

```
42 if True else 777
```

同样，42 和 777 这两个分支被编译为 return 语句，因此 explicate_pred 将常量 True 编译为 then 分支的代码。

```
return 42;
```

这种情况表明，我们有时会丢弃输入 `explicate_pred` 的 `thn` 或 `els` 块。

`explicate_pred` 中 `if` 表达式的情况特别具有启发性，因为它解决了前面讨论的关于嵌套 `if` 表达式（图 5.12）的挑战。`if` 的 `body` 和 `orelse` 分支从当前上下文继承它们的上下文，即谓词上下文。因此，应该递归地将 `explicate_pred` 应用于主体和 `orelse` 分支。对于这两个递归调用，都要传递 `thn` 和 `els` 作为额外参数。因此，`thn` 和 `els` 可以使用两次，在每次递归调用中使用一次。如前所述，为了避免复制代码，需要将它们添加到基本块的字典中，以便可以按名称引用它们，并使用 `goto` 执行它们。

最后一个辅助函数是 `explicate_stmt`。它有三个参数：要编译的语句，其延续部分的代码，以及基本块的字典。`explicate_stmt` 返回一个语句列表，可以将其添加到基本块的字典中。在框架代码中完整地给出了赋值和表达式语句的情况：它们只是分别分派到 `explicate_assign` 和 `explicate_effect`。对于没有给出 `if` 语句的情况，它与 `if` 表达式的情况类似。

函数 `explicate_control` 已在图 5.13 中给出。它按照从后向前的顺序，将 `explicate_stmt` 应用于程序中的每条语句。因此，到目前为止，存储在 `new_body` 中的结果可以在下一次调用 `explicate_smt` 时用作延续参数。`new_body` 被初始化为 `Return` 语句。一旦完成，我们将 `new_body` 添加到基本块的字典中，并将其标记为 `start` 块。

图 5.12 显示了 `remove_complex_operands` 和 `explicate_control` 两个编译遍在示例程序上的输出。我们走一遍输出程序。按照 `remove_complex_operands` 编译遍输出中的求值顺序，我们首先对 `input_int()` 进行两次调用，然后执行内部 `if` 语句的谓词 `x<1` 的比较。在 `explicate_control` 编译遍的输出中，在标记为 `start` 的块中，两个赋值语句后面跟着一个 `if` 语句，分支到 `block_6` 或 `block_7`。与这些标号相关联的块分别包含代码 `x==0` 和 `x==2` 的翻译。特别地，`block_6` 从比较 `x==0` 开始，然后分支到 `block_4` 或 `block_5`，它们对应于外部 `if` 的两个分支，即 `y+2` 和 `y+10`。`block_7` 的情况与 `block_6` 的相似。`block_3` 是 `print` 语句的翻译。

习题 5.4 实现 `explicate_control` 编译遍及其四个辅助函数。创建测试用例以练习该过程的代码中的所有新情况。

5.8 选择指令

`select_instructions` 编译遍将 C_{If} 语言翻译为 $x86_{\text{If}}^{\text{Var}}$ 语言。我们从布尔常量开始。如前所述,我们将它们编码为整数。

True $\Rightarrow$ 1   False $\Rightarrow$ 0

为了翻译语句,我们讨论一些情况。`not` 操作可以用 `xorq` 来实现,正如我们在本节开头所讨论的那样。对于给定的赋值语句,如果左侧变量与 `not` 的参数相同,那么只要 `xorq` 指令就足够了。

var = not *var* $\Rightarrow$ xorq $1, *var*

否则,需要一个 `movq` 来适应 x86 的就地更新语义。在下面的翻译中,令 *arg* 是 *atm* 的 x86 翻译结果。

var = not *atm* $\Rightarrow$ movq *arg*, *var*
　　　　　　　　　　xorq $1, *var*

接下来考虑相等比较的情况。由于我们在 5.4 节中讨论过的 `cmpq` 指令的不寻常性质,将相等操作翻译为 x86 汇编稍微复杂一些。我们建议将右侧具有相等比较的赋值语句翻译为三条指令的序列。设 arg_1 和 arg_2 分别是 atm_1 和 atm_2 的 x86 翻译结果。

var = (atm_1 == atm_2) $\Rightarrow$ cmpq arg_2, arg_1
　　　　　　　　　　　　　　　　sete %al
　　　　　　　　　　　　　　　　movzbq %al, *var*

其他比较运算符的翻译与此类似,只是对 `set` 指令使用不同的条件码。

`goto` 语句翻译为一条跳转指令。

goto ℓ $\Rightarrow$ jmp ℓ

`if` 语句转换为一条比较指令,后面跟随一个条件跳转(对于 then 分支),接下来是一个常规跳转(对于 else 分支)。同样,arg_1 和 arg_2 分别是 atm_1 和 atm_2 的 x86 翻译结果。

```
if atm₁ == atm₂:
    goto ℓ₁              cmpq arg₂, arg₁
else:            ⇒       je ℓ₁
    goto ℓ₂              jmp ℓ₂
```

同样,其他比较运算符的翻译与此类似,只是对条件跳转指令使用不同的条件码。

关于 `return` 语句,我们建议将其视为对寄存器 `rax` 的赋值,然后跳转到 main

函数的收尾部分。(关于 main 的收尾部分,请参见 5.11 节。)

习题 5.5 扩展 `select_instructions` 编译遍以处理 C_{If} 语言的新功能。在所有测试程序上运行脚本来测试编译器。

5.9 寄存器分配

编译 $\mathcal{L}_{\text{If}}$ 语言所需的更改会影响到活跃性分析、干涉图构建和存储分配,但图着色算法本身不会改变。

5.9.1 活跃性分析

回想一下,对于 $\mathcal{L}_{\text{Var}}$ 语言,我们实现了单个基本块的活跃性分析 (4.2 节)。在 $\mathcal{L}_{\text{If}}$ 语言中添加 if 表达式后,`explicate_control` 编译遍生成了多个基本块。

第一个问题是,我们应该按照什么顺序处理基本块?回想一下,要对基本块执行活跃性分析,我们需要知道块中最后一条指令的 live-after 集。如果一个基本块没有后继块(即不包含到其他块的跳转),那么它有一个空的 live-after 集,可以立即对其应用活跃性分析。如果基本块有后继块,那么需要首先完成对这些块的活跃性分析。这些排序约束与程序的图表示上的拓扑顺序相反。特别地,程序的控制流图 (CFG)(Allen 1970)具有与每个基本块相应的节点,以及与每一条从一个块跳转到另一个块的跳转语句相应的边。从基本块的字典生成 CFG 很简单。然后对 CFG 进行转置,并应用拓扑排序算法。我们在支持代码的 `graph.py` 文件中提供了 `topological_sort` 和 `transpose` 的实现。顺便说一句,只有在图不包含任何环的情况下才保证存在拓扑排序。这就是我们从 $\mathcal{L}_{\text{If}}$ 程序生成的控制流图的情况。然而,在第 6 章中,我们添加循环来创建 $\mathcal{L}_{\text{While}}$ 语言,并学习如何处理控制流图中的环。

下一个问题是如何分析跳转指令。jmp 之前的活动位置应该是 L_{before} 中的跳转的目标位置。因此,我们建议维护一个名为 `live_before_block` 的字典,该字典将每个标号映射到其块中第一条指令的 L_{before}。在对每个块执行活跃性分析后,我们获取其第一条指令的 live-before 集,并将其与 `live_before_block` 字典中的块标号相关联。

在 x86$_{\text{If}}^{\text{Var}}$ 语言中,我们也需要处理条件跳转指令 JumpIf (*cc, label*)。这个指令的活跃性分析特别有趣,因为在编译过程中,我们不知道条件跳转会去哪个方向。因此,我们不知道是使用与 *label* 相关联的块的 live-before 集,还是使用后面指令的 live-before 集。因此，我们使用这两个 live-before 集的并集，即后续指令的 live-before 集与从 `live_before_block` 中的 *label* 映射中获取的 live-before 集的并集。

需要更新用于计算指令参数中的变量的辅助函数，以及用于计算指令读取（R）或写入（W）的变量的辅助函数，以便处理 $x86_{If}^{Var}$ 中的新参数种类和指令。

习题 5.6 更新 `uncover_live` 函数，以逆拓扑顺序对程序中的所有基本块执行活跃性分析。

5.9.2 构建干涉图

$x86_{If}^{Var}$ 语言中的许多新指令可以用与 $x86_{Var}$ 语言中的指令相同的方式处理。对于某些指令需要特别小心，比如指令 `movzbq`，与 `movq` 指令类似。请参阅 4.3 节中的规则 1。

习题 5.7 更新 $x86_{If}^{Var}$ 语言的 `build_interference` 编译遍。

5.10 修补指令

新指令 `cmpq` 和 `movzbq` 有一些特殊的限制需要在 `patch_instructions` 编译遍中处理。`cmpq` 指令的第二个参数不能是立即数（如整数）。因此，如果需要比较两个立即数，我们建议插入一条 `movq` 指令，将第二个参数放入寄存器 `rax` 中。另一方面，如果已经实现了部分求值（2.9 节），可以将它更新为用于 $\mathcal{L}_{If}$ 语言，这样就不会出现上面的情况了。通常，`cmpq` 最多可以有一个内存引用，`movzbq` 的第二个参数必须是寄存器。

习题 5.8 更新 $x86_{If}^{Var}$ 语言的 `patch_instructions` 编译遍。

5.11 生成起始和收尾代码

`main` 函数及其起始和收尾代码的生成必须进行更改，以适应程序现在由一个或多个基本块组成的方式。在 `main` 函数的起始部分之后，跳转到 `start` 块。将收尾部分放在由 `conclusion` 标识的基本块中。

图 5.14 显示了一个简单的被翻译为 x86 的 $\mathcal{L}_{If}$ 语言示例程序，显示了 `explicate_control` 和 `select_instructions` 编译遍的结果，以及最终的 x86 汇编代码。图 5.15 列出了编译 $\mathcal{L}_{If}$ 语言所需的所有编译遍。

```
print(42 if input_int() == 1 else 0)
⇓

start:
    tmp_0 = input_int()
    if tmp_0 == 1:
        goto block_3
    else:
        goto block_4
block_3:
    tmp_1 = 42
    goto block_2
block_4:
    tmp_1 = 0
    goto block_2
block_2:
    print(tmp_1)
    return 0

⇓                                    ⇒

start:
    callq read_int
    movq %rax, tmp_0
    cmpq 1, tmp_0
    je block_3
    jmp block_4
block_3:
    movq 42, tmp_1
    jmp block_2
block_4:
    movq 0, tmp_1
    jmp block_2
block_2:
    movq tmp_1, %rdi
    callq print_int
    movq 0, %rax
    jmp conclusion
```

```
        .globl main
main:
    pushq %rbp
    movq %rsp, %rbp
    subq $0, %rsp
    jmp start
start:
    callq read_int
    movq %rax, %rcx
    cmpq $1, %rcx
    je block_3
    jmp block_4
block_3:
    movq $42, %rcx
    jmp block 2
block_4:
    movq $0, %rcx
    jmp block_2
block_2:
    movq %rcx, %rdi
    callq print_int
    movq $0, %rax
    jmp conclusion
conclusion:
    addq $0, %rsp
    popq %rbp
    retq
```

图 5.14 if 表达式到 x86 汇编的编译示例，显示了 explicate_control 和 select_instructions 编译遍的结果，以及最终的 x86 汇编代码

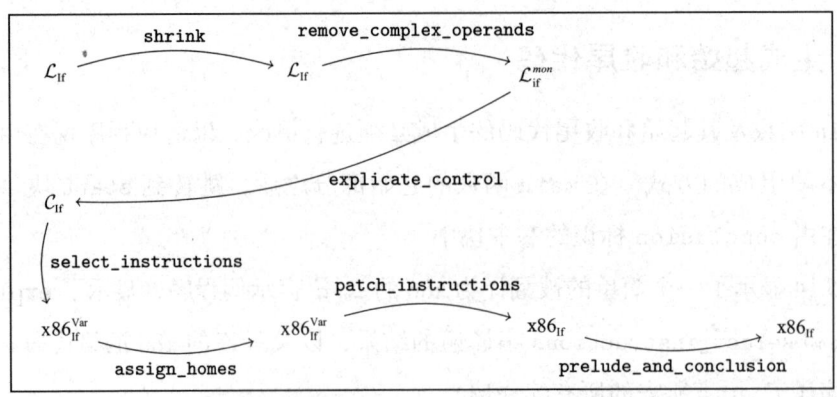

图 5.15 带条件句的 $\mathcal{L}_{\text{If}}$ 语言的各编译遍

5.12 挑战：优化块和移除跳转

我们讨论两个涉及优化程序控制流的挑战。

5.12.1 优化块

我们在 5.7 节中讨论的 `explicate_control` 编译遍算法有时会生成过多的块。当一个延续部分可能被多次使用时（例如，每当参数 cont 被传递到两个或多个递归调用时），每使用一次延续部分就会生成一个块。然而，有些延续参数可能根本就不会使用。考虑 `explicate_pred` 函数中常量 True 的情况，这里，我们丢弃 els 延续部分。下面的示例程序属于这种情况，它创建了未使用的 `block_9`。

```
if True:
  print(0)
else:
  x = 1 if False else 2
  print(x)
```
⇒
```
start:
    print(0)
    goto block_8
block_9:
    print(x)
    goto block_8
block_8:
    return 0
```

问题是，我们如何决定是否创建基本块？延迟计算（Friedman and Wise 1976）可以通过将基本块的创建延迟到我们知道它将被使用的时间点来解决这个难题。尽管 Python 不直接支持延迟计算，但它很容易模仿这一过程。我们通过将计算封装在没有参数的函数中来延迟计算的求值，并通过调用函数来强制其求值。然而，我们可能需要多次强制，因此需要存储函数调用的结果，而不是每次重新计算。下面的 Promise 类处理这个记忆过程。

```
@dataclass
class Promise:
  fun : typing.Any
  cache : list[stmt] = None
  def force(self):
    if self.cache is None:
      self.cache = self.fun(); return self.cache
    else:
      return self.cache
```

然而，`explicate_pred` 函数在某些情况下返回一个语句列表，在其他情况下，返回一个计算语句列表的函数。为了统一处理常规数据和 Promise，我们定义了以下 force 函数，该函数检查其输入是否被延迟（即它是否是 Promise），然后或者强制 Promise，或者返回输入。

```
def force(promise):
  if isinstance(promise, Promise):
    return promise.force()
  else:
    return promise
```

我们将 promises 用于函数 explicate_pred、explicate_assign、explicate_effect 和 explicate_stmt 的输入和输出。因此，它们接受并返回 promise，而不是接受并返回语句列表。此外，当我们遇到一个延续可能被多次使用的情况时，比如 explicate_pred 函数中的 if 处理情形，我们创建一个延迟计算，为每个延续创建一个基本块（如果还没有的话），然后返回一个转向该基本块的 goto 语句。当我们遇到这种情况时，即有一个 promise，但需要一段实际的代码，比如，去创建一段更大的带有构造函数（如 Seq）的代码，则插入一个对 force 的调用。

下面是辅助函数 create_block 的新版本，它延迟了新基本块的创建。

```
def create_block(promise, basic_blocks):
  def delay():
    stmts = force(promise)
    match stmts:
      case [Goto(l)]:
        return [Goto(l)]
      case _:
        label = label_name(generate_name('block'))
        basic_blocks[label] = stmts
        return [Goto(label)]
  return Promise(delay)
```

图 5.16 显示了改进的 explicate_control 编译遍在该示例上的输出。可以看到，基本块的数量已经从三个块减少到了两个块。

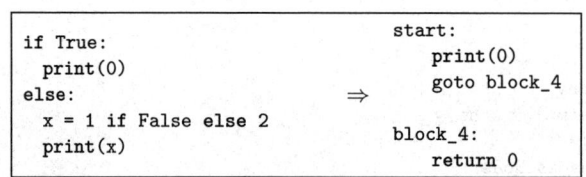

图 5.16　通过改进的 explicate_control 编译遍实现 $\mathcal{L}_{If}$ 语言到 $\mathcal{C}_{If}$ 语言的翻译

习题 5.9　实现对 explicate_control 编译遍的改进。检查它是否删除了几个示例程序中不必要的块。然后检查编译器是否仍然能通过所有测试。

5.12.2　移除跳转

在图 5.14 的示例中，有一个移除跳转的机会。start 块以跳转到 block_4 结束，并且在程序的其余部分中没有其他到 block_4 的跳转。在这种情况下，我们可以通过将 block_4 合并到前面的块中来避免这种跳转的运行时开销，在本例中，前面的块是 start 块。图 5.17 在左侧显示了 allocate_registers 编译遍的输出，在右侧显示了此优化的结果。

```
start:
    callq read_int
    movq %rax, tmp_0
    cmpq 1, tmp_0
    je block_3
    jmp block_4
block_3:
    movq 42, tmp_1
    jmp block_2
block_4:
    movq 0, tmp_1
    jmp block_2
block_2:
    movq tmp_1, %rdi
    callq print_int
    movq 0, %rax
    jmp conclusion
```
$\Rightarrow$
```
start:
    callq read_int
    movq %rax, tmp_0
    cmpq 1, tmp_0
    je block_3
    movq 0, tmp_1
    jmp block_2
block_3:
    movq 42, tmp_1
    jmp block_2
block_2:
    movq tmp_1, %rdi
    callq print_int
    movq 0, %rax
    jmp conclusion
```

图 5.17　通过去除不必要的跳转来合并基本块

习题 5.10　实现名为 remove_jumps 的编译遍，当某基本块只有一个前驱块时，就将它合并到其前驱块中。该编译遍从 $x86_{\text{If}}^{\text{Var}}$ 语言转换到 $x86_{\text{If}}^{\text{Var}}$ 语言。运行脚本以测试编译器。在多个测试程序上检查 remove_jumps 遍是否实现了合并基本块的目标。

5.13　进一步阅读

explicate_control 编译遍的算法是基于 Dybvig 和 Keep（2010）的课程笔记中的 expose-basic-blocks 编译遍。该算法与 Danvy（2003）、Appel 和 Palsberg（2003）的算法相似，并且与翻译成续体传递风格（continuation passing style）有关（van Wijngaarden 1966；Fischer 1972；Reynolds 1972；Plotkin 1975；Friedman, Wand, and Haynes 2001）。explicate_control 编译遍中条件句的处理类似于短路布尔求值（Logothetis and Mishra 1981；Aho et al. 2006；Clarke 1989；Danvy 2003）和 case-of-case 的转换（Peyton Jones and Santos 1998）。

第 6 章

Essentials of Compilation: An Incremental Approach in Python

循环和数据流分析

在本章中，我们将研究循环，这是命令式编程语言的特征之一。下面的示例通过计算前五个正整数的和来演示 while 循环。

```
sum = 0
i = 5
while i > 0:
    sum = sum + i
    i = i - 1
print(sum)
```

while 循环由一个条件和一个循环体（语句序列）组成。只要条件保持为真，循环体就会被重复计算。

6.1 $\mathcal{L}_{\text{While}}$ 语言

图 6.1 显示了 $\mathcal{L}_{\text{While}}$ 语言的具体语法的定义，图 6.2 显示了其抽象语法的定义。$\mathcal{L}_{\text{While}}$ 的解释器如图 6.3 所示。我们在 interp_stmts 函数中添加了 While 的新处理情形，在该函数中，只要 test 表达式保持为真，我们就会重复解释循环体。

$$
\begin{array}{rcl}
exp & ::= & int \mid \text{input\_int}() \mid - exp \mid exp + exp \mid exp - exp \mid (exp) \\
stmt & ::= & \text{print}(exp) \mid exp \\
exp & ::= & var \\
stmt & ::= & var = exp \\
cmp & ::= & == \mid != \mid < \mid <= \mid > \mid >= \\
exp & ::= & \text{True} \mid \text{False} \mid exp \text{ and } exp \mid exp \text{ or } exp \mid \text{not } exp \\
 & \mid & exp \; cmp \; exp \mid exp \text{ if } exp \text{ else } exp \\
stmt & ::= & \text{if } exp: stmt^+ \text{ else}: stmt^+ \\
stmt & ::= & \text{while } exp: stmt^+ \\
\mathcal{L}_{\text{While}} & ::= & stmt^*
\end{array}
$$

图 6.1 $\mathcal{L}_{\text{While}}$ 语言的具体语法，它扩展了 $\mathcal{L}_{\text{If}}$ 语言（图 5.1）

$\mathcal{L}_{\text{While}}$ 的类型检查器的定义如图 6.4 所示。如果 test 表达式的类型是 bool，并且循环体中的语句类型没有问题，则 while 循环的类型正确。

$$
\begin{array}{rcl}
\mathit{exp} & ::= & \text{Constant}(\mathit{int}) \mid \text{Call}(\text{Name}(\text{'input\_int'}),[\,]) \\
 & \mid & \text{UnaryOp}(\text{USub}(),\mathit{exp}) \mid \text{BinOp}(\mathit{exp},\text{Add}(),\mathit{exp}) \\
 & \mid & \text{BinOp}(\mathit{exp},\text{Sub}(),\mathit{exp}) \\
\mathit{stmt} & ::= & \text{Expr}(\text{Call}(\text{Name}(\text{'print'}),[\mathit{exp}])) \mid \text{Expr}(\mathit{exp}) \\
\mathit{exp} & ::= & \text{Name}(\mathit{var}) \\
\mathit{stmt} & ::= & \text{Assign}([\text{Name}(\mathit{var})],\mathit{exp}) \\
\mathit{boolop} & ::= & \text{And}() \mid \text{Or}() \\
\mathit{cmp} & ::= & \text{Eq}() \mid \text{NotEq}() \mid \text{Lt}() \mid \text{LtE}() \mid \text{Gt}() \mid \text{GtE}() \\
\mathit{bool} & ::= & \text{True} \mid \text{False} \\
\mathit{exp} & ::= & \text{Constant}(\mathit{bool}) \mid \text{BoolOp}(\mathit{boolop},[\mathit{exp},\mathit{exp}]) \\
 & \mid & \text{UnaryOp}(\text{Not}(),\mathit{exp}) \mid \text{Compare}(\mathit{exp},[\mathit{cmp}],[\mathit{exp}]) \\
 & \mid & \text{IfExp}(\mathit{exp},\mathit{exp},\mathit{exp}) \\
\mathit{stmt} & ::= & \text{If}(\mathit{exp},\ \mathit{stmt}^+,\ \mathit{stmt}^+) \\
\mathit{stmt} & ::= & \text{While}(\mathit{exp},\ \mathit{stmt}^+,\ [\,]) \\
\mathcal{L}_{\text{While}} & ::= & \text{Module}(\mathit{stmt}^*)
\end{array}
$$

图 6.2 $\mathcal{L}_{\text{While}}$ 语言的抽象语法，它扩展了 $\mathcal{L}_{\text{If}}$ 语言（图 5.2）

```
class InterpLwhile(InterpLif):
  def interp_stmt(self, s, env, cont):
    match s:
      case While(test, body, []):
        if self.interp_exp(test, env):
            self.interp_stmts(body + [s] + cont, env)
        else:
          return self.interp_stmts(cont, env)
      case _:
        return super().interp_stmt(s, env, cont)
```

图 6.3 $\mathcal{L}_{\text{While}}$ 语言的解释器

```
class TypeCheckLwhile(TypeCheckLif):
  def type_check_stmts(self, ss, env):
    if len(ss) == 0:
      return
    match ss[0]:
      case While(test, body, []):
        test_t = self.type_check_exp(test, env)
        check_type_equal(bool, test_t, test)
        body_t = self.type_check_stmts(body, env)
        return self.type_check_stmts(ss[1:], env)
      case _:
        return super().type_check_stmts(ss, env)
```

图 6.4 $\mathcal{L}_{\text{While}}$ 语言的类型检查器

乍一看，while 循环到 x86 汇编的转换似乎很简单，因为 C_{If} 中间语言已经支持 goto 和条件分支。然而，也会出现一些复杂情况，我们将在下一节进行讨论。之后，我们介绍对现有编译遍必须进行的更改。

6.2 循环控制流和数据流分析

到目前为止，`explicate_control` 编译遍中生成的程序都保证是无环的。然而，每个 `while` 循环都会引入一个环。这有关系吗？确实有关系！回想一下，对于寄存器分配，编译器执行活跃性分析以确定哪些变量可以共享同一寄存器。为了实现这一点，我们以逆拓扑顺序分析了控制流图（5.9.1 节），但拓扑顺序仅对无环图定义良好。

让我们回到计算前五个正整数之和的例子。这是在指令选择编译遍之后但寄存器分配编译遍之前的程序：

```
mainstart:
    movq $0, sum
    movq $5, i
    jmp block5
block5:
    cmpq $0, i
    jg block7
    jmp block8

block7:
    addq i, sum
    subq $1, i
    jmp block5
block8:
    movq sum, %rdi
    callq print_int
    movq $0, %rax
    jmp mainconclusion
```

回想一下，活跃性分析是从每个函数的末尾开始反向进行的。对于这个例子，我们可以从 `block8` 开始，因为我们知道在收尾部分开始时，只有 `rax` 和 `rsp` 是活跃的。因此，`block8` 的 live-before 集是 `{rsp, sum}`。接下来，我们可能会尝试分析 `block5` 或 `block7`，但 `block5` 跳转到 `block7`，反之亦然，所以似乎我们被卡住了。

走出这一僵局的方法是认识到我们可以通过从空的 live-after 集开始计算每个 live-before 集的欠近似集。所谓欠近似，我们的意思是该集合只包含对程序的某些执行是活跃的变量，但该集合可能缺少其他一些活跃变量。接下来，可以通过如下方法来改善每个块的欠近似：使用来自其他块的近似 live-before 集合更新每个块的 live-after 集合，以及对每个块再次执行活跃性分析。事实上，通过迭代这个过程，欠近似最终成为正确的解！这种迭代分析控制流图的方法适用于许多静态分析问题，并被称为数据流分析。它是 Kildall（1973）在其华盛顿大学的博士论文中提出的。

让我们将这种方法应用于前面介绍的示例。使用空集作为每个块的初始 live-before 集。假设 m_0 是下面的从标号名到位置集（变量和寄存器）的映射：

`mainstart: {}, block5: {}, block7: {}, block8: {}`

使用上面的 live-before 的近似，确定每个块的 live-after 集，然后对每个块应用活跃性分析。这就产生了 live-before 集的下一个近似值 m_1：

mainstart: {}, block5: {i}, block7: {i, sum}, block8: {rsp, sum}

对于第二轮，mainstart 的 live-after 集是 block5 的当前 live-before 集，即 {i}。因此，计算 mainstart 的活跃性分析得到空集。block5 的 live-after 集是 block7 和 block8 的 live-before 集的并集，即 {i, rsp, sum}。因此，block5 的活跃性分析计算得到 {i, rsp, sum}。block7 的 live-after 是 block5 的 live-before（来自上一次迭代），即 {i}。因此，block7 的活跃性分析仍然是 {i, sum}。这些结果共同产生了以下 live-before 集的近似值 m_2：

mainstart: {}, block5: {i, rsp, sum}, block7: {i, sum}, block8: {rsp, sum}

在前面的迭代中，只有 block5 发生了变化，因此我们可以将注意力限制在 mainstart 和 block7 上，这两个块都跳转到 block5。因此，mainstart 和 block7 的 live-before 集更新为包括 rsp，产生以下近似值 m_3：

mainstart: {rsp}, block5: {i,rsp,sum}, block7: {i,rsp,sum}, block8: {rsp,sum}

因为 block7 发生了变化，我们再次分析 block5，但它的 live-before 集仍然是 {i, rsp, sum}。至此，我们的近似值已经收敛，所以集合 m_3 就是所求解。

上述迭代过程会收敛到一个由 Kleene 不动点定理保证的解，该定理是关于格上函数的一般性定理（Kleene 1952）。粗略地说，格是在其元素上具有偏序 $\sqsubseteq$、最小元素 $\bot$（发音为 bottom）和并运算符 $\sqcup$ 的任何集合。[⊖]当两个元素被排序为 $m_i \sqsubseteq m_j$ 时，意味着 m_j 至少包含与 m_i 一样多的信息，因此我们可以将 m_j 视为优于或等于 m_i 的近似。底部元素 $\bot$ 表示完全缺乏信息，即最差近似。并运算符取两个格元素并组合它们的信息，也就是说，它产生了两者的最小上界。

数据流分析通常涉及两个格：一个格表示抽象状态，另一个格聚合控制流图中所有块的抽象状态。对于活跃性分析，抽象状态是一组位置。我们通过将位置集作为元素、将排序设为集合包含（⊆）、将底部（bottom）设为空集，将并运算符设为集合的并来形成格 L。通过将从块标号到位置集合（L 的元素）的映射作为其元素来形成第二个格 M。我们使用 L 的排序对映射进行逐点排序。因此，给定任意两个映射 m_i 和 m_j，当对于程序中的每个块标号 ℓ 有 $m_i(\ell) \subseteq m_j(\ell)$ 时，称 $m_i(\ell) \sqsubseteq m_j(\ell)$。$M$ 的底部元素是将每个标号发送到空集的映射 $\bot M$，$\bot M(\ell) = \varnothing$。

⊖ 从技术上讲，我们将使用并半格。

我们可以将应用于整个程序的活跃性分析的一次迭代视为格 M 上的函数 f。它以映射为输入，并计算新的映射。

$$f(m_i) = m_{i+1}$$

接下来，让我们思考一下最终解 m_s 应该是什么样子。如果我们使用解 m_s 作为输入来执行活跃性分析，就应该再次获得 m_s 作为输出。也就是说，该解应该是函数 f 的不动点。

$$f(m_s) = m_s$$

更进一步，该解应该只包括通过对程序执行活跃性分析而强制存在的位置，因此该解应该是最小不动点。

Kleene 不动点定理指出，如果函数 f 是单调的（更好的输入产生更好的输出），则 f 的最小不动点是上升的 Kleene 链的最小上界，该链从 $\bot$ 开始并用 f 迭代得到，如下所示：

$$\bot \sqsubseteq f(\bot) \sqsubseteq f(f(\bot)) \sqsubseteq \cdots \sqsubseteq f^n(\bot) \sqsubseteq \cdots$$

当一个格只包含有限长的上升链时，则在 f 迭代若干次之后，每个 Kleene 链都会在某个不动点处达到顶点：

$$\bot \sqsubseteq f(\bot) \sqsubseteq f(f(\bot)) \sqsubseteq \cdots \sqsubseteq f^k(\bot) = f^{k+1}(\bot) = m_s$$

活跃性分析实际上是一个单调函数，并且格 M 具有有限长的上升链，因为程序中只有有限个变量和块。因此，我们可以保证，对程序中的所有块进行迭代活跃性分析，最终将产生最小不动点解。

接下来，让我们考虑一般的数据流分析，并讨论通用的工作列表算法（图 6.5）。该算法有 4 个参数：控制流图 G、将分析应用于一个块的函数 `transfer`，以及抽象状态格的 `bottom` 和 `join` 运算符。函数 `analyze_dataflow` 被表示为前向数据流分析，也就是说，`transfer` 函数的输入来自控制流图中的前置节点。然而，活跃性分析是一种后向数据流分析，因此在这种情况下，必须为 `analyze_dataflow` 函数提供控制流图的转置。

通用工作列表算法首先创建由哈希表表示的底部映射。然后，它将控制流图中的所有节点推到工作列表（队列）中。只要工作列表中存在项，算法就会重复 `while` 循环。在每次迭代中，都会从工作列表中弹出一个节点并进行处理。节点的 `input` 是通过获取所有前置节点的抽象状态的并来计算的。然后应用 `transfer` 函数来获得 output 抽象状态。如果 output 与该块的上一个状态不同，则更新该块的映射，并将其后续节点推到工作列表中。

```
def analyze_dataflow(G, transfer, bottom, join):
  trans_G = transpose(G)
  mapping = dict((v, bottom) for v in G.vertices())
  worklist = deque(G.vertices)
  while worklist:
    node = worklist.pop()
    inputs = [mapping[v] for v in trans_G.adjacent(node)]
    input = reduce(join, inputs, bottom)
    output = transfer(node, input)
    if output != mapping[node]:
      mapping[node] = output
      worklist.extend(G.adjacent(node))
```

图 6.5　用于数据流分析的通用工作列表算法

在讨论了添加对赋值和循环的支持所带来的复杂性之后，我们转去讨论几个单个编译遍。

6.3　移除复杂操作数

这一编译遍所需的更改是添加 `while` 语句的情况。循环的条件可以是一个复杂表达式，就像 `if` 语句的条件一样。图 6.6 定义了此过程的输出语言 $\mathcal{L}_{\text{While}}^{mon}$。

$$
\begin{array}{rcl}
atm & ::= & \text{Constant}(int) \mid \text{Name}(var) \\
exp & ::= & atm \mid \text{Call}(\text{Name}('input\_int'),[]) \\
 & \mid & \text{UnaryOp}(\text{USub}(),atm) \mid \text{BinOp}(atm,\text{Add}(),atm) \\
 & \mid & \text{BinOp}(atm,\text{Sub}(),atm) \\
stmt & ::= & \text{Expr}(\text{Call}(\text{Name}('print'),[atm])) \mid \text{Expr}(exp) \\
 & \mid & \text{Assign}([\text{Name}(var)],exp) \\
\hline
atm & ::= & \text{Constant}(bool) \\
exp & ::= & \text{UnaryOp}(\text{Not}(),exp) \mid \text{Compare}(atm,[cmp],[atm]) \\
 & \mid & \text{IfExp}(exp,exp,exp) \mid \text{Begin}(stmt^*,exp) \\
stmt & ::= & \text{If}(exp,stmt^*,stmt^*) \\
\hline
stmt & ::= & \text{While}(exp,stmt^+,[]) \\
\mathcal{L}_{\text{While}}^{mon} & ::= & \text{Module}(stmt^*)
\end{array}
$$

图 6.6　$\mathcal{L}_{\text{While}}^{mon}$ 语言是 $\mathcal{L}_{\text{While}}$ 语言的一元范式形式

6.4　详细控制

该编译遍的输出是 $\mathcal{C}_{\text{If}}$ 语言。输出中不需要新的语言功能，因为 `while` 循环可以用 `goto` 和 `if` 语句来表示，这些语句已经在 $\mathcal{C}_{\text{If}}$ 中了。在 `explicate_stmt` 方法中添

加 while 语句的情形，使用 explicate_pred 函数处理条件表达式。

6.5 寄存器分配

如 6.2 节所述，$\mathcal{L}_{While}$ 中存在循环意味着控制流图可能包含环，这使寄存器分配所需的活跃性分析变得更复杂。我们建议使用 6.2 节末尾提供的通用函数 analyze_dataflow 来执行活跃性分析，替换 uncover_live 中按拓扑顺序处理基本块的代码（5.9.1 节）。

函数 analyze_dataflow 具有以下 4 个参数。

- 第 1 个参数 G 应该传递控制流图的转置。
- 第 2 个参数 transfer 应该传递一个对基本块进行活跃性分析的函数。它需要 2 个参数：要分析的块的标号及其 live-after 集。transfer 函数应返回该块的 live-before 集。此外，作为一个副作用，它应该更新每条指令的 live-before 和 live-after 集。为实现 transfer 函数，应该能够重用已有的用于分析基本块的代码。
- analyze_dataflow 的第 3 个和第 4 个参数是抽象状态（即位置集）的格的底部元素和并运算。对于活跃性分析，格的底部元素是空集，格的并运算符是集合并。

图 6.7 给出了编译 $\mathcal{L}_{While}$ 所需的所有编译遍的概况。

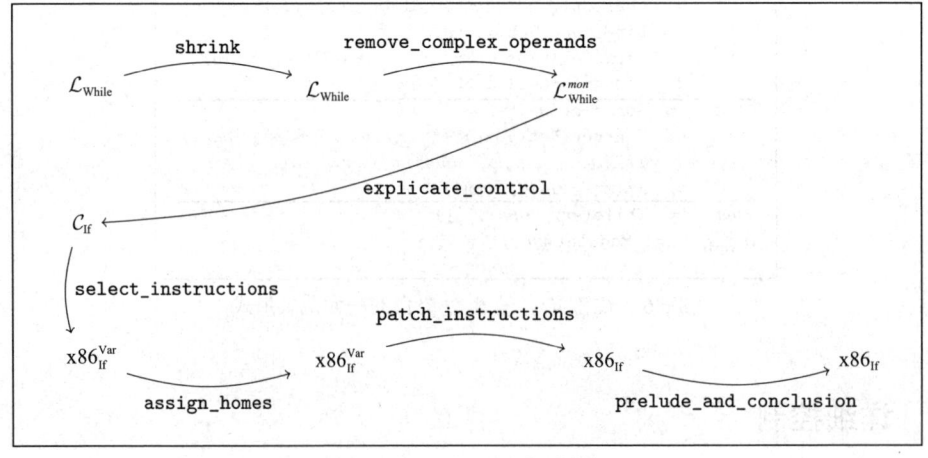

图 6.7 $\mathcal{L}_{While}$ 语言的各编译遍

第 7 章

Essentials of Compilation: An Incremental Approach in Python

元组和垃圾回收

在本章中，我们将研究元组的实现。元组是固定长度的元素序列，其中每个元素可以具有不同的类型。元组在语言特性中是第一个使用计算机堆结构的，因为元组的生命周期是不确定的，也就是说，从程序员的角度来看，元组是永远存在的。当然，从实现者的角度来看，当不再需要元组时，回收与元组相关的空间是很重要的，这也是我们在本章中研究垃圾回收技术的原因。

7.1 节介绍了 $\mathcal{L}_{\text{Tup}}$ 语言，包括它的解释器和类型检查器。$\mathcal{L}_{\text{Tup}}$ 语言用元组扩展了 $\mathcal{L}_{\text{While}}$ 语言（第 6 章）。7.2 节描述了一种基于在堆的两个部分之间来回复制活跃元组的垃圾回收算法。垃圾回收器需要与编译器协调，以便找到所有活跃的元组。7.3 节到 7.8 节讨论了对编译器的遍进行必要的更改和添加，包括加入了一个名为 `expose_allocation` 的新编译遍。

7.1 $\mathcal{L}_{\text{Tup}}$ 语言

图 7.1 显示了 $\mathcal{L}_{\text{Tup}}$ 语言的具体语法的定义，图 7.2 显示了其抽象语法的定义。$\mathcal{L}_{\text{Tup}}$ 语言添加了：通过逗号分隔的表达式列的元组创建，使用方括号符号访问元组中的元素（即 t[n] 返回元组 t 的索引 n 处的元素），is 比较运算符，获取元组的元素个数（长度）。在本章中，我们将访问索引限制为常数整数。下面的程序展示了使用元组的例子。它创建了一个元组 t，其中包含元素 40、True 和另一个只包含 2 的元组。t 的索引为 1 的元素是 True，所以程序执行 if 的 then 分支。t 中索引为 0 的元素是 40，我们给它加上 2，也就是元组中索引为 0 的元素。程序的结果是 42。

```
t = 40, True, (2,)
print(t[0] + t[2][0] if t[1] else 44)
```

元组提出了几个有趣的新问题。首先，变量绑定在处理元组时执行的是浅复制，这意味着不同的变量可以引用同一个元组，也就是说，两个变量可以是同一实体的别名。考虑下面的例子，其中 t1 和 t2 指向相同的元组，t3 指向具有相同元素值的不同元组。程序的结果是 42。

```
t1 = 3, 7
t2 = t1
t3 = 3, 7
print(42 if (t1 is t2) and not (t1 is t3) else 0)
```

exp	::=	*int* | input_int() | - *exp* | *exp* + *exp* | *exp* - *exp* | (*exp*)
stmt	::=	print(*exp*) | *exp*
exp	::=	*var*
stmt	::=	*var* = *exp*
cmp	::=	== | != | < | <= | > | >=
exp	::=	True | False | *exp* and *exp* | *exp* or *exp* | not *exp*
	|	*exp cmp exp* | *exp* if *exp* else *exp*
stmt	::=	if *exp*: *stmt*⁺ else: *stmt*⁺
stmt	::=	while *exp*: *stmt*⁺
cmp	::=	is
exp	::=	*exp*, ... , *exp* | *exp*[*int*] | len(*exp*)
$\mathcal{L}_{\text{Tup}}$	::=	*stmt**

图 7.1 $\mathcal{L}_{\text{Tup}}$ 语言的具体语法，它扩展了 $\mathcal{L}_{\text{While}}$ 语言（图 6.1）

exp	::=	Constant(*int*) | Call(Name('input_int'), [])
	|	UnaryOp(USub(), *exp*) | BinOp(*exp*, Add(), *exp*)
	|	BinOp(*exp*, Sub(), *exp*)
stmt	::=	Expr(Call(Name('print'), [*exp*])) | Expr(*exp*)
exp	::=	Name(*var*)
stmt	::=	Assign([Name(*var*)], *exp*)
boolop	::=	And() | Or()
cmp	::=	Eq() | NotEq() | Lt() | LtE() | Gt() | GtE()
bool	::=	True | False
exp	::=	Constant(*bool*) | BoolOp(*boolop*, [*exp*, *exp*])
	|	UnaryOp(Not(), *exp*) | Compare(*exp*, [*cmp*], [*exp*])
	|	IfExp(*exp*, *exp*, *exp*)
stmt	::=	If(*exp*, *stmt*⁺, *stmt*⁺)
stmt	::=	While(*exp*, *stmt*⁺, [])
cmp	::=	Is()
exp	::=	Tuple(*exp*⁺, Load()) | Subscript(*exp*, Constant(*int*), Load())
	|	Call(Name('len'), [*exp*])
$\mathcal{L}_{\text{Tup}}$	::=	Module(*stmt**)

图 7.2 $\mathcal{L}_{\text{Tup}}$ 语言的抽象语法

下一个问题涉及元组的生命周期。元组的生命周期何时结束？注意，$\mathcal{L}_{\text{Tup}}$ 不包括删除元组的操作。此外，元组的生命周期与任何静态作用域的概念无关。例如，在读取索引 0 处的元组元素之前，即使函数返回时变量 x 超出了作用域，下面的程序也会返回 42。（我们将在第 8 章中研究函数的编译。）

```
def f():
    x = 42, 43
    return x
t = f()
print(t[0])
```

从程序员可观察到的程序行为的角度来看，元组是永远存在的。然而，如果它们真的永远存在，那么许多长时间运行的程序就会耗尽内存。为了解决这个问题，程序语言的运行时系统就必须执行自动垃圾回收。

图 7.3 显示了 $\mathcal{L}_{\text{Tup}}$ 语言的定义性解释器。我们在解释器中用 Python 列表表示元组，因为需要写入它们（7.3 节）（Python 语言中的元组是不可变的）。我们根据 Python 中相应的操作来定义 $\mathcal{L}_{\text{Tup}}$ 的元素访问、`is` 操作符和 `len` 操作符。

```
class InterpLtup(InterpLwhile):
  def interp_cmp(self, cmp):
    match cmp:
      case Is():
        return lambda x, y: x is y
      case _:
        return super().interp_cmp(cmp)
  def interp_exp(self, e, env):
    match e:
      case Tuple(es, Load()):
        return tuple([self.interp_exp(e, env) for e in es])
      case Subscript(tup, index, Load()):
        t = self.interp_exp(tup, env)
        n = self.interp_exp(index, env)
        return t[n]
      case _:
        return super().interp_exp(e, env)
```

图 7.3 $\mathcal{L}_{\text{Tup}}$ 语言的解释器

图 7.4 显示了 $\mathcal{L}_{\text{Tup}}$ 语言的类型检查器。元组的类型是 `TupleType` 类型，其中包含它的每个元素的类型。访问元组第 i 个元素的类型是元组类型的第 i 个元素类型（如果有的话）。如果不是这样，就会发出错误信号。注意，索引 i 必须是一个常量整数（而不是，比如说，调用 `input_int` 得到的），以便类型检查器可以在给定元组类型的情况下确定元素的类型。

```
class TypeCheckLtup(TypeCheckLwhile):
  def type_check_exp(self, e, env):
    match e:
      case Compare(left, [cmp], [right]) if isinstance(cmp, Is):
        l = self.type_check_exp(left, env)
        r = self.type_check_exp(right, env)
        check_type_equal(l, r, e)
        return bool
      case Tuple(es, Load()):
        ts = [self.type_check_exp(e, env) for e in es]
        e.has_type = TupleType(ts)
```

图 7.4 $\mathcal{L}_{\text{Tup}}$ 语言的类型检查器

```
            return e.has_type
        case Subscript(tup, Constant(i), Load()):
            tup_ty = self.type_check_exp(tup, env)
            i_ty = self.type_check_exp(Constant(i), env)
            check_type_equal(i_ty, int, i)
            match tup_ty:
                case TupleType(ts):
                    return ts[i]
                case _:
                    raise Exception('expected a tuple, not ' + repr(tup_ty))
        case _:
            return super().type_check_exp(e, env)
```

图 7.4 $\mathcal{L}_{\text{Tup}}$ 语言的类型检查器（续）

7.2 垃圾回收

垃圾回收是一种运行时技术，用于回收堆中程序将来运行时不再会用到的空间。我们使用术语对象来指代存储在堆中的任何值，目前的堆中只包含元组[○]。不幸的是，不可能精确地知道哪些对象将来会被访问，哪些不会。相反，垃圾回收器通过识别哪些对象可能被访问来上近似将要被访问的对象集。运行中的程序可以直接访问寄存器，以及过程调用栈中的对象。它还可以传递地访问元组的元素，从地址位于寄存器或过程调用栈中的元组开始。我们将根集定义为寄存器中或过程调用栈中的所有元组地址，这样可以将活跃对象定义为可从根集访问的对象。垃圾回收器收集分配给不再活跃的对象的空间。这意味着一些对象可能不会尽快被回收，但至少垃圾回收器不会回收专用于将被访问的对象的空间！程序员可以通过使对象变得不可访问来影响应回收哪些对象。

因此，内存垃圾回收器具有双重目标：

- 保存所有活跃的东西。
- 回收内存中的其他所有东西，也就是垃圾。

7.2.1 双空间复制收集器

在这里，我们研究了一个相对简单的垃圾回收算法，这是许多更先进的垃圾回收器的基础（Lieberman and Hewitt 1983；Ungar 1984；Jones and Lins 1996；Detlefs et al. 2004；Dybvig 2006；Tene, Iyengar, and Wolf 2011）。特别地，我们描述了一个双空间复制收集器（Wilson 1992），它使用 Cheney 的算法来执行复制（Cheney

---

[○] 在面向对象编程的上下文环境中，术语对象的使用比我们在这里使用该术语的方式具有更确切的含义。

1970）。图 7.5 粗粒度地描述了双空间收集器中发生的情况，显示了垃圾收集之前（顶部）和垃圾收集之后（底部）的情况。在双空间收集器中，堆分为两个部分，分别称为 FromSpace 和 ToSpace。最初，所有分配都是在 FromSpace 中，一直到没有足够的空间用于下一个请求的分配为止。此时，垃圾回收器开始工作，以便为下一次分配腾出空间。

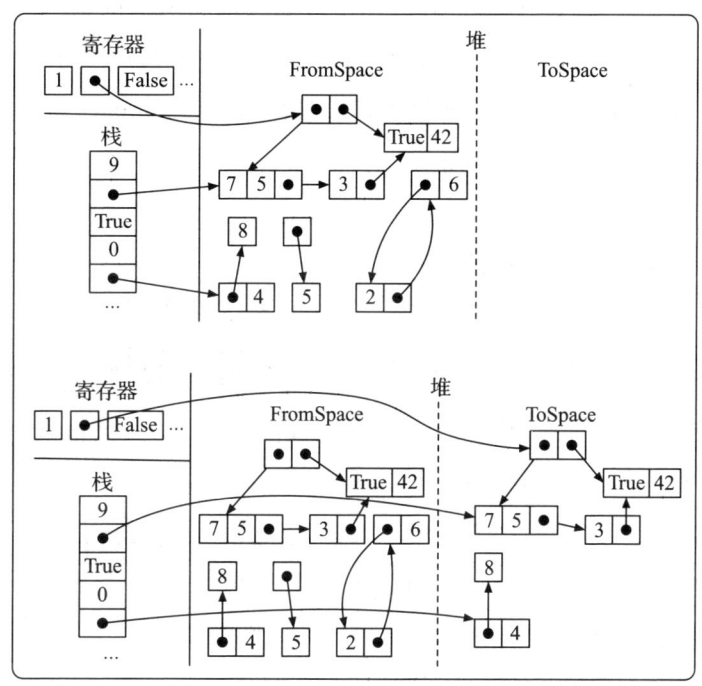

图 7.5　正在运行的复制收集器

复制收集器通过将 FromSpace 中的所有活跃对象复制到 ToSpace 中来腾出更多的空间，然后变了一个戏法，将 ToSpace 视为新的 FromSpace，将旧的 FromSpace 视为新的 ToSpace。在图 7.5 所示的示例中，根集由三个指针组成，一个在寄存器中，两个在栈中。所有活跃对象都以保留指针关系的方式复制到 ToSpace（图 7.5 的右侧）。例如，寄存器中的指针仍然指向一个元组，而这个元组又指向另外两个元组。有四个元组无法从根集访问，因此不会被复制到 ToSpace。

图 7.5 所示的确切情况不能由 $\mathcal{L}_{\text{Tup}}$ 语言中良好类型的程序创建，因为它包含一个循环。然而，一旦我们学习了 $\mathcal{L}_{\text{Dyn}}$ 语言（第 10 章），就可以创建循环了。我们从一开始就设计了垃圾回收器会处理循环，所以后面就不需要重新讨论这个问题了。

7.2.2 通过 Cheney 算法进行图的复制

让我们仔细看看活跃对象的复制。可以将分配的对象和指针看作一个图，我们需要复制图中可以从根集合到达的部分。为了确保能够复制图中所有可到达的顶点，我们需要一个穷举的图遍历算法，比如深度优先搜索或宽度优先搜索（Moore 1959；Cormen et al. 2001）。回想一下，这样的算法通过标记已经访问过的顶点来考虑循环的可能性，从而确保算法的终止。这些搜索算法还使用诸如栈或队列之类的数据结构作为待办事项列表，以便跟踪需要访问的顶点。我们使用广度优先搜索和 Cheney（1970）的一个技巧来同时完成表示队列以及复制元组到 ToSpace 中。

图 7.6 显示了复制过程中 ToSpace 的几个快照。队列由 ToSpace 开头的一块连续内存表示，使用两个指针分别跟踪队列的前面和后面，分别称为空闲指针和扫描指针。该算法首先把从根集立即可访问的所有元组复制到 ToSpace 中，以形成初始队列。当复制一个元组时，标记旧的元组以表明它已经被访问过。我们将在 7.2.3 节中讨论如何完成这种标记。注意，队列所复制元组中的任何指针仍然指向 FromSpace。一旦创建了初始队列，算法就会进入一个循环，在这个循环中，它会反复处理队列前面的元组，并将其从队列中弹出。对于一个元组，算法会将所有直接可达元素复制到 ToSpace 中，将它们放在队列的后面。然后，算法更新弹出元组中的指针，使它们指向新复制的对象。

如图 7.6 所示，算法的第一步将第二个元素为 42 的元组复制到队列的后面。另一个指针指向一个已经被复制的元组，所以不需要再次复制它，但确实需要将指针更新到新的位置。这可以通过在最初将元组复制到 ToSpace 时在旧

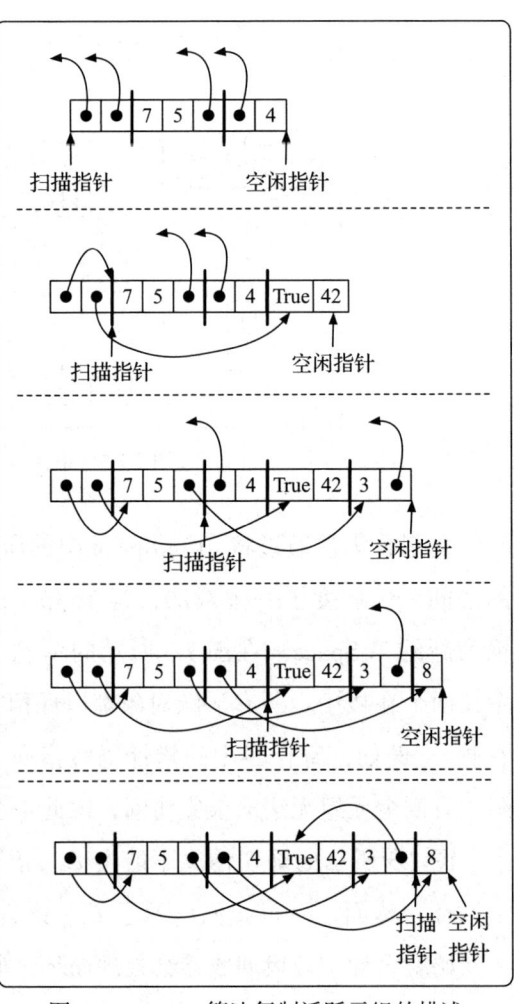

图 7.6 Cheney 算法复制活跃元组的描述

元组中存储指向新位置的转发指针来实现。这就完成了算法的一步。算法以这种方式继续，直到队列为空，也就是当扫描指针赶上空闲指针时。

7.2.3 数据表示

垃圾回收器对编译器使用的数据表示提出了一些要求。首先，垃圾回收器需要区分指针和其他类型的数据（如整数）。以下是实现这一目标的三种方法：

- 给每件物品贴上标记，标明它是什么类型的物品（McCarthy 1960）。
- 在不同的区域存储不同类型的对象（Steele 1977）。
- 使用程序中的类型信息：生成用于收集的特定类型代码，或者生成指导收集器的表（Appel 1989；Goldberg 1991；Diwan, Moss, and Hudson 1992）。

动态类型语言（如 Python）在任何情况下都需要标记对象，因此第一种方法是这些语言的自然选择。然而，$\mathcal{L}_{Tup}$ 是一种静态类型语言，因此在每个对象上都需要标记是很烦琐的，尤其是像整数和布尔值这样的小而普遍的对象。对于静态类型语言，第三种方法是性能最好的选择，但它的实现复杂性相对较高。为了使本章的复杂性保持在合理的范围内，我们建议将前两种方法结合使用，分别对栈和堆使用不同的策略。

关于栈，我们建议使用一个单独的指针栈，我们称之为根栈（又名影子栈）（Siebert 2001；Henderson 2002；Baker et al. 2009）。也就是说，当需要溢出一个 `TupleType` 类型的局部变量时，我们把它放在根栈上，而不是放在过程调用栈上。此外，如果元组类型变量在调用收集器期间是活跃的，那么总是溢出它们，从而确保在垃圾收集期间寄存器中没有指针。图 7.7 再现了图 7.5 所示的例子，并将其与使用根栈的数据布局进行了对比。根栈包含常规栈中的两个指针以及第二个寄存器中的指针。

在堆上的每个元组内部也会出现区分指针和其他类型数据的问题。我们通过给每个元组附加一个额外的 64 位标记来解决这个问题。图 7.8 给出了图 7.5 示例中两个元组标记的放大视图。请注意，我们以大端方式从右向左绘制位，位的位置 0（最低有效位）在最右边，这对应于 x86 移位指令 `salq`（向左移位）和 `sarq`（向右移位）的方向。每个标记的一部分专门用于指定元组中的哪些元素是指针，这一部分标记为指针掩码。在指针掩码中，位的值为 1 表示指针，为 0 表示其他类型的数据。指针掩码从第 7 位开始。我们将元组限制为最大个数为 50 个元素，所以需要 50 比特作为指针掩码⊖。标记还包含另外两条信息：元组的长度（元素的个数）存储在第 1 到 6 位中；最后，第 0 位表示元组是否还没有被复制到 ToSpace。如果这个位的值是 1，那么这个元组还没有被复制；如果该位的值为 0，则整个标记是一个转发指针。（指针的后 3 位在任何情况下都是零，因为我们的元组是 8 字节对齐的。）

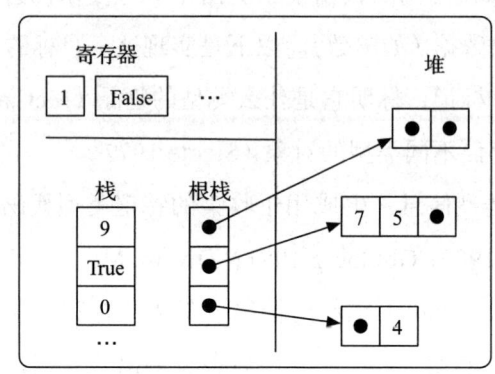

图 7.7　维护根栈以方便垃圾收集

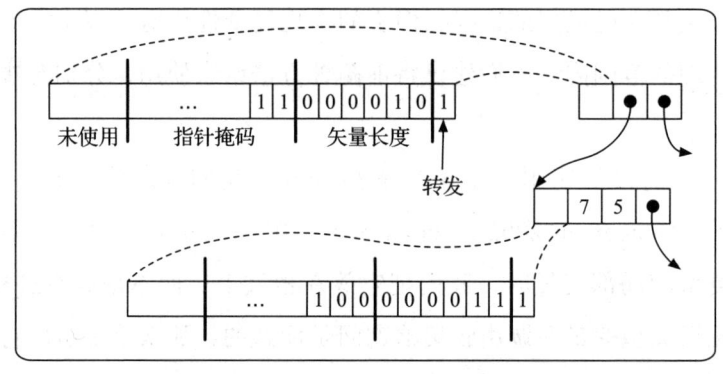

图 7.8　元组在堆中的表示

7.2.4　垃圾回收器的实现

在 runtime.c 文件中提供了复制回收器的实现。图 7.9 定义了编译器使用的垃圾回收器的接口。initialize 函数创建 FromSpace、ToSpace 和根栈，该函数应该在 main 函数的起始部分调用。initialize 的参数是根栈大小和堆大小，两者都需要是 64 的倍数，而 16 384 是对于这两者都很好的选择。initialize 函数将 FromSpace 开头的地址放入全局变量 free_ptr 中，并将全局变量 fromspace_end 指向 FromSpace 的最后一个元素后面的地址。我们使用半开的区间间隔来表示内存

⊖　产品质量级的编译器会处理任意大小的元组，并使用更复杂的方法。

块（Dijkstra 1982）。rootstack_begin 变量指向根栈的第一个元素。

```
void initialize(uint64_t rootstack_size, uint64_t heap_size);
void collect(int64_t** rootstack_ptr, uint64_t bytes_requested);
int64_t* free_ptr;
int64_t* fromspace_begin;
int64_t* fromspace_end;
int64_t** rootstack_begin;
```

图 7.9　编译器对垃圾回收器的接口

只要 FromSpace 中还有空间，生成的代码就可以通过将 free_ptr 向前移动来分配元组。FromSpace 中剩余的空间大小是 fromspace_end 和 free_ptr 之间的差值。当 FromSpace 中没有足够的空间用于下一次分配时，应该调用 collect 函数。collect 函数接受两个参数：一个指向根栈当前顶部（在最后一个被推入的项之后的一个位置）的指针，以及需要分配的字节数。collect 函数执行复制收集，并使得堆处于有足够空间进行下一次分配的状态。

垃圾回收的引入对编译器编译遍数有重要的影响。我们引入了一个名为 expose_allocation 的新编译遍，它详细说明了分配元组的代码。我们还将对 select_instructions、build_interference、allocate_registers 和 prelude_and_conclusion 各编译遍进行重大更改，并在其他的编译遍中进行了较少的更改。

下面的程序作为我们的运行示例。它创建两个元组，一个嵌套在另一个内部。两个元组的长度都是 1。程序访问内部元组中的元素。

```
v1 = (42,)
v2 = (v1,)
print(v2[0][0])
```

7.3　显露分配

expose_allocation 这一编译遍将元组创建降低为对回收器进行条件调用，然后分配适当数量的内存量并对其进行初始化。我们选择将 expose_allocation 编译遍放在 remove_complex_operands 遍之前，因为它会生成包含复杂操作数的代码。但是，如果小心处理的话，也可以将它放在 remove_complex_operands 之后。这样，不需要将初始化表达式赋值给临时变量，可以简化元组的创建。

expose_allocation 编译遍的输出是一种 $\mathcal{L}_{\text{Alloc}}$ 语言，它将元组创建替换为我们在元组创建的翻译中使用的新的底层形式。

exp ::= collect(*int*) | allocate(*int*, *type*) | global_value(*name*)
$stmt$ ::= *exp*[*int*] = *exp*

collect(n) 形式运行垃圾回收器，请求准备好 n 个字节以便分配。在指令选择编译遍时，collect(n) 形式将变成对 runtime.c 中的 collect 函数的调用。allocate(n, *type*) 形式为 n 个元素获取内存（以及 64 位标记前面的空间），但是元素没有初始化。其中的 *type* 参数是元组的类型：TupleType([$type_1$, ⋯, $type_n$])，其中 $type_i$ 是第 i 个元素的类型。global_value(*name*) 形式读取全局变量的值，比如 free_ptr。

下面的代码显示了元组创建可转换成如下形式：初始化表达式的临时变量绑定序列，对 collect 函数的条件调用，对 allocate 函数的调用，以及元组的初始化。*len* 占位符指的是元组的长度，*bytes* 是需要为元组分配的字节总数，对于标记来说是 8，再加上 *len* 乘以 8。allocate 形式的第二个参数所需的类型 *type* 可以从元组 AST 节点的 has_type 字段中获得，该字段是在此编译遍之前运行 $\mathcal{L}_{\text{Tup}}$ 的类型检查器时存储在那里的。

```
($e_0$, ..., $e_{n-1}$)
⟹
begin:
    $x_0$ = $e_0$
        ⋮
    $x_{n-1}$ = $e_{n-1}$
    if global_value(free_ptr) + bytes < global_value(fromspace_end):
        0
    else:
        collect(bytes)
    v = allocate(len, type)
    v[0] = $x_0$
        ⋮
    v[n − 1] = $x_{n-1}$
    v
```

在分配之前，初始化表达式 e_0, ⋯, e_{n-1} 的顺序很重要，因为它们可能会触发垃圾回收，并且在收集期间堆上不能有已分配但未初始化的元组。

图 7.10 显示了我们正在运行的示例中的 expose_allocation 编译遍的输出。

```
v1 = begin:
        init.514 = 42
        if (free_ptr + 16) < fromspace_end:
        else:
```

图 7.10 expose_allocation 编译遍的输出

```
              collect(16)
            alloc.513 = allocate(1,tuple[int])
            alloc.513[0] = init.514
            alloc.513
    v2 = begin:
            init.516 = v1
            if (free_ptr + 16) < fromspace_end:
            else:
              collect(16)
            alloc.515 = allocate(1,tuple[tuple[int]])
            alloc.515[0] = init.516
            alloc.515
    print(v2[0][0])
```

图 7.10 expose_allocation 编译遍的输出（续）

7.4 移除复杂操作数

表达式 allocate、begin 和元组访问应被视为复杂操作数。元组访问的子表达式必须是原子的。global_value 的 AST 节点是原子节点。图 7.11 显示了这一遍的输出语言 $\mathcal{L}_{\text{Alloc}}^{mon}$ 的语法，它是一元标准形式的 $\mathcal{L}_{\text{Alloc}}$。

```
atm    ::=  Constant(int) | Name(var)
exp    ::=  atm | Call(Name('input_int'),[])
        |   UnaryOp(USub(),atm) | BinOp(atm,Add(),atm)
        |   BinOp(atm,Sub(),atm)
stmt   ::=  Expr(Call(Name('print'),[atm])) | Expr(exp)
        |   Assign([Name(var)], exp)
atm    ::=  Constant(bool)
exp    ::=  UnaryOp(Not(),exp) | Compare(atm,[cmp],[atm])
        |   IfExp(exp,exp,exp) | Begin(stmt*, exp)
stmt   ::=  If(exp, stmt*, stmt*)
stmt   ::=  While(exp, stmt+, [])
atm    ::=  GlobalValue(var)
exp    ::=  Subscript(atm,atm,Load()) | Call(Name('len'),[atm])
        |   Allocate(int,type)
stmt   ::=  Assign([Subscript(atm,atm,Store())], atm)
        |   Collect(int)
$\mathcal{L}_{\text{Alloc}}^{mon}$ ::=  Module(stmt*)
```

图 7.11 $\mathcal{L}_{\text{Alloc}}^{mon}$ 语言是一元标准形式的 $\mathcal{L}_{\text{Alloc}}$ 语言

7.5 详细控制和 C_{Tup} 语言

explicate_control 编译遍的输出是用中间语言 C_{Tup} 编写的程序，图 7.12 给出了 C_{Tup} 语言的抽象语法的定义。C_{Tup} 的新表达式包括 allocate 函数、访问元组元素和 global_value（全局变量）。C_{Tup} 还包括 collect 语句和对元组元素的赋值。explicate_control 编译遍可以像对待我们已经遇到的其他形式一样对待这些新数据形式。对正在运行的例子的 `explicate_control` 编译遍的输出如图 7.15 的左侧所示。

```
atm   ::= Constant(int) | Name(var) | Constant(bool)
exp   ::= atm | Call(Name('input_int'),[]) | UnaryOp(USub(),atm)
        | BinOp(atm,Sub(),atm) | BinOp(atm,Add(),atm)
        | Compare(atm,[cmp],[atm])
stmt  ::= Expr(Call(Name('print'),[atm])) | Expr(exp)
        | Assign([Name(var)], exp)
tail  ::= Return(exp) | Goto(label)
        | If(Compare(atm,[cmp],[atm]), [Goto(label)], [Goto(label)])
atm   ::= GlobalValue(var)
exp   ::= Subscript(atm,atm,Load()) | Allocate(int,type)
        | Call(Name('len'),[atm])
stmt  ::= Collect(int) | Assign([Subscript(atm,atm,Store())], atm)
C_Tup ::= CProgram({label: stmt* tail, ...})
```

图 7.12 $\mathcal{C}_{\text{Tup}}$ 语言的抽象语法，它扩展了 $\mathcal{C}_{\text{If}}$ 语言（图 5.8）

7.6 选择指令和 x86$_{\text{Global}}$ 语言

在这一遍中，我们为编译元组所需的大多数新操作生成 x86 代码，包括 `Allocate`、`Collect`、访问元组元素和 `Is` 比较符。我们将 `GlobalValue` 编译为 `Global`，因为后者具有不同的具体语法（参见图 7.13 和图 7.14）。

元组读取和写入的形式翻译为 `movq` 指令。（偏移量中的 +1 用于跳过元组表示中开头的相关标记。）

```
lhs = tup[n]
⇒
movq tup', %r11
movq 8(n+1)(%r11), lhs'

tup[n] = rhs
⇒
movq tup', %r11
movq rhs', 8(n+1)(%r11)
```

其中 *tup'* 和 *rhs'* 是通过从 $\mathcal{C}_{\text{Tup}}$ 语言翻译到 x86 汇编而获得的。将 *tup'* 传送到寄存器 `r11` 确保偏移量表达式 $8(n+1)(\%r11)$ 包含寄存器操作数。这需要在寄存器分配时将 `r11` 从分配考虑中移除。

这里为什么不用 `rax` 而是使用 `r11` 呢？假设我们用 `rax` 代替，那么元组赋值生成的代码将是

```
movq tup', %rax
movq rhs', 8(n+1)(%rax)
```

接下来，假设 rhs′ 最终作为栈位置，那么 patch_instructions 编译遍将插入一个 rax 的传送，如下所示：

```
movq tup′, %rax
movq rhs′, %rax
movq %rax, 8(n+1)(%rax)
```

然而，这个指令序列不起作用，因为我们试图同时将 rax 用于两个不同的值（tup′ 和 rhs′）！

len 操作应该被翻译成一个指令序列，读取元组的标记并提取出表示元组长度的 6 位（第 1 位到第 6 位）。x86 汇编指令 andq（表示位与）和 sarq（表示右移）可用于完成此操作。

我们将 allocate 形式编译为对 free_ptr 的操作，如下所示。这种方法被称为内联分配，因为它通过简单地增加分配指针来实现分配，而不需要调用函数。这比每次分配都调用函数要高效得多。free_ptr 中的地址是 FromSpace 中的下一个空闲地址，所以我们将其复制到 r11 中，然后将其向前移动足够的空间来分配元组，就是 8(len + 1) 字节，因为每个元素是 8 字节（64 位），并且使用 8 字节作为标记。然后初始化标记，最后将 r11 中的地址复制到左侧。通过图 7.8 可以了解标记的组织方式。我们建议在编译期间使用位或操作符"|"和左移操作符"«"来计算标记。allocate 格式中的类型注释用于确定标记的指针掩码区域。寻址模式 free_ptr(%rip) 本质上代表 free_ptr 全局变量的地址，使用 x86-64 处理器的特殊指令指针相对寻址模式。特别地，汇编程序计算 free_ptr 的地址和 rip 当前的位置之间的距离 d，然后将 free_ptr(%rip) 参数更改为 d (%rip)，这将在运行时计算 free_ptr 的地址。

```
lhs = allocate(len, TupleType([type, ...]));
⟹
movq free_ptr(%rip), %r11
addq 8(len+1), free_ptr(%rip)
movq $tag, 0(%r11)
movq %r11, lhs′
```

collect 形式在运行时被编译为对 collect 函数的调用。需要收集的参数是根栈的顶部和需要分配的字节数。我们使用另一个专用寄存器 r15 来存储指向根栈顶部的指针，因此 r15 不能被寄存器分配函数使用。

```
collect(bytes)
⟹
movq %r15, %rdi
movq $bytes, %rsi
callq collect
```

使用 cmpq 指令编译 is 比较操作符与其他比较操作符类似。因为元组的值是它的地址，所以我们可以使用 e 条件代码将 is 翻译为简单的相等性检查。

$$var = (atm_1 \text{ is } atm_2) \quad \Rightarrow \quad \begin{array}{l} \texttt{cmpq } arg_2, arg_1 \\ \texttt{sete \%al} \\ \texttt{movzbq \%al, } var \end{array}$$

$x86_{\text{Global}}$ 语言的具体语法和抽象语法的定义分别如图 7.13 和图 7.14 所示。它与 $x86_{\text{If}}$ 语言的不同之处在于增加了全局变量。图 7.15 显示了运行实例中 `select_instructions` 遍的输出。

```
reg      ::= rsp | rbp | rax | rbx | rcx | rdx | rsi | rdi |
             r8 | r9 | r10 | r11 | r12 | r13 | r14 | r15
arg      ::= $int | %reg | int(%reg)
instr    ::= addq arg,arg | subq arg,arg | negq arg | movq arg,arg |
             pushq arg | popq arg | callq label | retq | jmp label |
             label: instr
bytereg  ::= ah | al | bh | bl | ch | cl | dh | dl
arg      ::= %bytereg
cc       ::= e | ne | l | le | g | ge
instr    ::= xorq arg, arg | cmpq arg, arg | setcc arg | movzbq arg, arg
           | jcc label
arg         ::= label(%rip)
x86_Global  ::= .globl main
                main: instr*
```

图 7.13 $x86_{\text{Global}}$ 语言的具体语法（扩展了图 5.9 中的 $x86_{\text{If}}$ 语言）

```
reg      ::= rsp | rbp | rax | rbx | rcx | rdx | rsi | rdi |
             r8 | r9 | r10 | r11 | r12 | r13 | r14 | r15
arg      ::= Immediate(int) | Reg(reg) | Deref(reg,int)
instr    ::= Instr('addq',[arg,arg]) | Instr('subq',[arg,arg])
           | Instr('negq',[arg]) | Instr('movq',[arg,arg])
           | Instr('pushq',[arg]) | Instr('popq',[arg])
           | Callq(label,int) | Retq() | Jump(label)
block    ::= instr+
bytereg  ::= 'ah' | 'al' | 'bh' | 'bl' | 'ch' | 'cl' | 'dh' | 'dl'
arg      ::= Immediate(int) | Reg(reg) | Deref(reg,int) | ByteReg(bytereg)
cc       ::= 'e' | 'ne' | 'l' | 'le' | 'g' | 'ge'
instr    ::= Jump(label)
           | Instr('xorq',[arg,arg]) | Instr('cmpq',[arg,arg])
           | Instr('set'+cc,[arg]) | Instr('movzbq',[arg,arg])
           | JumpIf(cc,label)
arg         ::= Global(label)
x86_Global  ::= X86Program({label : block, ...})
```

图 7.14 $x86_{\text{Global}}$ 语言的抽象语法（扩展了图 5.10 中的 $x86_{\text{If}}$ 语言）

```
start:                                              start:
    init.514 = 42                                       movq $42, init.514
    tmp.517 = free_ptr                                  movq free_ptr(%rip), tmp.517
    tmp.518 = (tmp.517 + 16)                            movq tmp.517, tmp.518
    tmp.519 = fromspace_end                             addq $16, tmp.518
    if tmp.518 < tmp.519:                               movq fromspace_end(%rip), tmp.519
      goto block.529                                    cmpq tmp.519, tmp.518
    else:                                               jl block.529
      goto block.530                                    jmp block.530

block.529:                                          block.529:
    goto block.528                                      jmp block.528

block.530:                                          block.530:
    collect(16)                                         movq %r15, %rdi
    goto block.528                                      movq $16, %rsi
                                                        callq collect
block.528:                                              jmp block.528
    alloc.513 = allocate(1,tuple[int])
    alloc.513:tuple[int][0] = init.514              block.528:
    v1 = alloc.513                                      movq free_ptr(%rip), %r11
    init.516 = v1                                       addq $16, free_ptr(%rip)
    tmp.520 = free_ptr                                  movq $3, 0(%r11)
    tmp.521 = (tmp.520 + 16)              ⇒             movq %r11, alloc.513
    tmp.522 = fromspace_end                             movq alloc.513, %r11
    if tmp.521 < tmp.522:                               movq init.514, 8(%r11)
      goto block.526                                    movq alloc.513, v1
    else:                                               movq v1, init.516
      goto block.527                                    movq free_ptr(%rip), tmp.520
                                                        movq tmp.520, tmp.521
block.526:                                              addq $16, tmp.521
    goto block.525                                      movq fromspace_end(%rip), tmp.522
                                                        cmpq tmp.522, tmp.521
block.527:                                              jl block.526
    collect(16)                                         jmp block.527
    goto block.525
                                                    block.526:
block.525:                                              jmp block.525
    alloc.515 = allocate(1,tuple[tuple[int]])
    alloc.515:tuple[tuple[int]][0] = init.516       block.527:
    v2 = alloc.515                                      movq %r15, %rdi
    tmp.523 = v2[0]                                     movq $16, %rsi
    tmp.524 = tmp.523[0]                                callq collect
    print(tmp.524)                                      jmp block.525
    return 0
                                                    block.525:
                                                        movq free_ptr(%rip), %r11
                                                        addq $16, free_ptr(%rip)
                                                        movq $131, 0(%r11)
                                                        movq %r11, alloc.515
                                                        movq alloc.515, %r11
                                                        movq init.516, 8(%r11)
                                                        movq alloc.515, v2
                                                        movq v2, %r11
                                                        movq 8(%r11), %r11
                                                        movq %r11, tmp.523
                                                        movq tmp.523, %r11
                                                        movq 8(%r11), %r11
                                                        movq %r11, tmp.524
                                                        movq tmp.524, %rdi
                                                        callq print_int
                                                        movq $0, %rax
                                                        jmp conclusion
```

图 7.15 在运行实例中，explicate_control 遍（左）和 select_instructions 遍（右）的输出

7.7 寄存器分配

正如本章前面所讨论的，垃圾回收器需要访问根集中的所有指针，即元组中的所有变量。寄存器分配器有责任确保下面两点：

- 根栈用于溢出的元组类型变量。
- 如果元组类型变量在调用收集器期间是活跃的，则必须溢出它以确保它对收集器可见。

后一种职责可以在干涉图的构造过程中处理，方法是在调用–活跃的元组类型变量和所有被调用者保存的寄存器之间添加干涉边（它们已经干扰了调用者保存的寄存器）。变量的类型信息由 $\mathcal{C}_{\text{Tup}}$ 语言的类型检查器生成，存储在 `CProgram` 的 AST 模式中名为 `var_types` 的字段中。你需要传播该信息，以便在这一编译遍中可用。

元组类型变量向根栈的溢出可以在图着色之后处理，即在选择如何将颜色（整数）分配给寄存器和栈位置时处理。该遍输出的 `CProgram` 会额外记录根栈的溢出次数。

7.8 生成起始和收尾代码

图 7.16 显示了运行示例的 `prelude_and_conclusion` 编译遍的输出。在 `main` 函数的起始代码中，我们在根栈上分配空间，为元组类型变量的溢出腾出空间。我们通过增加根栈指针（`r15`）来实现这一点，注意根栈向上而不是向下增长。对于正在运行的实例，只有一次溢出，因此我们将 `r15` 增加了 8 个字节。在收尾代码中，我们从 `r15` 中减去 8 个字节。

```
        .globl main
main:
        pushq %rbp
        movq %rsp, %rbp
        pushq %rbx
        subq $8, %rsp
        movq $65536, %rdi
        movq $16, %rsi
        callq initialize
        movq rootstack_begin(%rip), %r15
        movq $0, 0(%r15)
        addq $8, %r15
        jmp start

conclusion:
        subq $8, %r15
        addq $8, %rsp
        popq %rbx
        popq %rbp
        retq
```

图 7.16 运行示例的起始和收尾代码

需要特别注意的一个问题是，在对根栈中的所有变量进行初始化赋值之前，可能会调用 `collect`。我们不希望垃圾回收器错误地判断一些未初始化的变量是需要跟随的指针。因此，在 `main` 的起始代码中，我们将根栈上的所有位置置零。在图 7.16 中，指令 `movq $0, 0(%r15)` 足以完成这个任务，因为只有一个溢出。一般来说，有多少元组类型变量溢出，我们就必须清除同样多的字。垃圾回收器在每个根的项去引用之前会测试它是否为空。

图 7.17 给出了编译 $\mathcal{L}_{\text{Tup}}$ 所需的所有编译遍的概况。

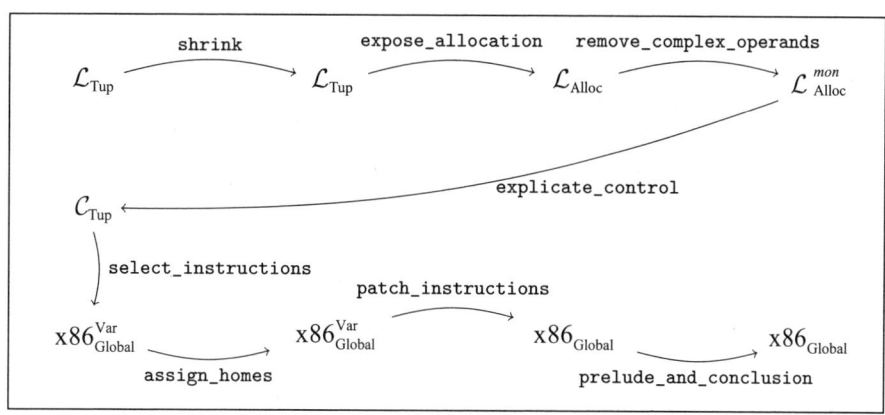

图 7.17 具有元组的 $\mathcal{L}_{\text{Tup}}$ 语言的各编译遍

7.9 挑战：数组

在本章中，我们已经研究了元组，即在编译时长度已经确定的异构元素的序列。本节的研究对象虽也是关于序列的，但其长度是在运行时确定的，并且所有元素都具有相同的类型（它们是同构的）。对于这种序列，我们使用传统术语数组来表示它。数组对应于 Python 语言中的列表类型。

图 7.18 给出了 $\mathcal{L}_{\text{Array}}$ 语言具体语法的定义，图 7.19 给出了其抽象语法的定义，通过使用列表类型和用于创建数组文字的括号表示扩展了 $\mathcal{L}_{\text{Tup}}$ 语言。下标操作符已经通过重载用于数组和元组了，现在可以出现在赋值操作的左侧了。注意，当下标的索引应用于数组时，可以是任意表达式，而不完全是常数整数。len 函数也同时可适用于数组。我们在 $\mathcal{L}_{\text{Array}}$ 语言中包含了整数乘法，因为它在许多涉及数组的例子中很有用，比如计算两个数组的内积（如图 7.20 所示）。

exp	::=	*int* | input_int() | - *exp* | *exp* + *exp* | *exp* - *exp* | (*exp*)
stmt	::=	print(*exp*) | *exp*
exp	::=	*var*
stmt	::=	*var* = *exp*
cmp	::=	== | != | < | <= | > | >=
exp	::=	True | False | *exp* and *exp* | *exp* or *exp* | not *exp*
	|	*exp cmp exp* | *exp* if *exp* else *exp*
stmt	::=	if *exp*: *stmt*$^+$ else: *stmt*$^+$
stmt	::=	while *exp*: *stmt*$^+$
cmp	::=	is
exp	::=	*exp*,...,*exp* | *exp*[*int*] | len(*exp*)
type	::=	list[*type*]
exp	::=	*exp* * *exp* | *exp*[*exp*] | [*exp*,...]
stmt	::=	*exp*[*exp*] = *exp*
$\mathcal{L}_{\text{Array}}$	::=	*stmt**

图 7.18 $\mathcal{L}_{\text{Array}}$ 语言的具体语法，它扩展了 $\mathcal{L}_{\text{Tup}}$ 语言（图 7.1）

```
exp    ::=  Constant(int) | Call(Name('input_int'),[])
        |   UnaryOp(USub(),exp) | BinOp(exp,Add(),exp)
        |   BinOp(exp,Sub(),exp)
stmt   ::=  Expr(Call(Name('print'),[exp])) | Expr(exp)
exp    ::=  Name(var)
stmt   ::=  Assign([Name(var)], exp)
boolop ::=  And() | Or()
cmp    ::=  Eq() | NotEq() | Lt() | LtE() | Gt() | GtE()
bool   ::=  True | False
exp    ::=  Constant(bool) | BoolOp(boolop,[exp,exp])
        |   UnaryOp(Not(),exp) | Compare(exp,[cmp],[exp])
        |   IfExp(exp,exp,exp)
stmt   ::=  If(exp, stmt⁺, stmt⁺)
stmt   ::=  While(exp, stmt⁺, [])
cmp    ::=  Is()
exp    ::=  Tuple(exp⁺,Load()) | Subscript(exp,Constant(int),Load())
        |   Call(Name('len'),[exp])
type   ::=  ListType(type)
exp    ::=  BinOp(exp,Mult(),exp) | Subscript(exp,exp,Load())
        |   List(exp, ..., Load())
stmt   ::=  Assign([Subscript(exp,exp,Store())], exp)
𝓛_Array ::= stmt*
```

图 7.19 $\mathcal{L}_{\text{Array}}$ 语言的抽象语法，它扩展了 $\mathcal{L}_{\text{Tup}}$ 语言（图 7.2）

```
A = [2, 2]
B = [3, 3]
i = 0
prod = 0
while i != len(A):
  prod = prod + A[i] * B[i]
  i = i + 1
print(prod)
```

图 7.20 计算内积的示例程序

$\mathcal{L}_{\text{Array}}$ 语言的类型检查器定义在图 7.21 和图 7.22 中。列表文字的结果类型是 `list[T]`，其中 T 是初始化表达式的类型。另外更新了 `len` 函数和下标操作符的类型检查以处理列表。类型检查器现在还能够处理赋值操作左侧的下标。关于乘法，它接受两个整数并返回一个整数。

```
class TypeCheckLarray(TypeCheckLtup):
  def type_check_exp(self, e, env):
    match e:
      case ast.List(es, Load()):
        ts = [self.type_check_exp(e, env) for e in es]
        elt_ty = ts[0]
        for (ty, elt) in zip(ts, es):
          self.check_type_equal(elt_ty, ty, elt)
        e.has_type = ListType(elt_ty)
```

图 7.21 $\mathcal{L}_{\text{Array}}$ 语言的类型检查器，第 1 部分

```python
      return e.has_type
case Call(Name('len'), [tup]):
  tup_t = self.type_check_exp(tup, env)
  tup.has_type = tup_t
  match tup_t:
    case TupleType(ts):
      return IntType()
    case ListType(ty):
      return IntType()
    case _:
      raise Exception('len expected a tuple, not ' + repr(tup_t))
case Subscript(tup, index, Load()):
  tup_ty = self.type_check_exp(tup, env)
  index_ty = self.type_check_exp(index, env)
  self.check_type_equal(index_ty, IntType(), index)
  match tup_ty:
    case TupleType(ts):
      match index:
        case Constant(i):
          return ts[i]
        case _:
          raise Exception('subscript required constant integer index')
    case ListType(ty):
      return ty
    case _:
      raise Exception('subscript expected a tuple, not ' + repr(tup_ty))
case BinOp(left, Mult(), right):
  l = self.type_check_exp(left, env)
  self.check_type_equal(l, IntType(), left)
  r = self.type_check_exp(right, env)
  self.check_type_equal(r, IntType(), right)
  return IntType()
case _:
  return super().type_check_exp(e, env)
```

图 7.21 $\mathcal{L}_{\text{Array}}$ 语言的类型检查器，第 1 部分（续）

```python
def type_check_stmts(self, ss, env):
  if len(ss) == 0:
    return VoidType()
  match ss[0]:
    case Assign([Subscript(tup, index, Store())], value):
      tup_t = self.type_check_exp(tup, env)
      value_t = self.type_check_exp(value, env)
      index_ty = self.type_check_exp(index, env)
      self.check_type_equal(index_ty, IntType(), index)
      match tup_t:
        case ListType(ty):
          self.check_type_equal(ty, value_t, ss[0])
        case TupleType(ts):
          return self.type_check_stmts(ss, env)
        case _:
          raise Exception('type_check_stmts: '
            'expected tuple or list, not ' + repr(tup_t))
      return self.type_check_stmts(ss[1:], env)
    case _:
      return super().type_check_stmts(ss, env)
```

图 7.22 $\mathcal{L}_{\text{Array}}$ 语言的类型检查器，第 2 部分

$\mathcal{L}_{\text{Array}}$ 语言解释器的定义如图 7.23 所示。我们使用 Python 列表推导式实现数组创建，并使用 64 位乘法实现乘法。我们添加了一个在赋值运算的左边加了下标索引的实例。下标的其他用法可以由元组的已有代码进行处理。

```
class InterpLarray(InterpLtup):
  def interp_exp(self, e, env):
    match e:
      case ast.List(es, Load()):
        return [self.interp_exp(e, env) for e in es]
      case BinOp(left, Mult(), right):
        l = self.interp_exp(left, env)
        r = self.interp_exp(right, env)
        return mul64(l, r)
      case Subscript(tup, index, Load()):
        t = self.interp_exp(tup, env)
        n = self.interp_exp(index, env)
        if n < len(t):
          return t[n]
        else:
          raise TrappedError('array index out of bounds')
      case _:
        return super().interp_exp(e, env)

  def interp_stmt(self, s, env, cont):
    match s:
      case Assign([Subscript(tup, index)], value):
        t = self.interp_exp(tup, env)
        n = self.interp_exp(index, env)
        if n < len(t):
          t[n] = self.interp_exp(value, env)
        else:
          raise TrappedError('array index out of bounds')
        return self.interp_stmts(cont, env)
      case _:
        return super().interp_stmt(s, env, cont)
```

图 7.23　$\mathcal{L}_{\text{Array}}$ 语言的解释器

7.9.1　数据表示

与元组一样，我们将数组存储在堆上，这意味着垃圾回收器需要对数组进行检查。一个直接的想法是对数组使用与元组相同的表示。然而，我们已将元组的长度限制为 50，以便它们的长度和指针掩码可以放入每个元组开头的 64 位标记中（7.2.3 节）。我们希望数组允许数百万个元素，因此需要更多的位来存储长度。然而，因为数组是同构数据，我们只需要 1 位的指针掩码，而不是为每个数组元素保留 1 位。最后，垃圾回收器必须能够区分元组和数组，因此我们需要为此保留 1 位标志。在数组的开头，我们得到了数组 64 位标记的如下布局：

- 最右边的位是转发位，就像在元组中一样：0 表示是转发指针，1 表示不是转发指针。
- 左边的下一位是指针掩码：0 表示所有元素都不是指针，1 表示所有元素都是指针。
- 接下来的 60 位存储数组的长度。
- 第 62 位区分元组（0）和数组（1）。
- 最左边的位是保留的，如第 11 章所述。

在下面的几个小节中，我们将提供有关如何更新相关编译遍的提示说明，以便处理数组。

7.9.2 重载解析

如前所述，随着语言中数组的加入，几个操作符都被重载，也就是说，它们可以应用于不止一种类型的值。在这种情况下，元素访问和长度操作符既可以应用于元组，也可以应用于数组。这种重载在编程语言中非常普遍，因此许多编译器执行重载解析来处理它。其思想是将每个重载操作符转换为针对不同类型的不同操作符。

我们实现一个名为 `resolve` 的新编译遍。该遍将数组元素的读操作转换为 `array_load`，将数组元素的写操作转换为 `array_store`。将对 `len` 的调用转换为 `array_len`。当这些操作符应用于元组时，则保持原样。$\mathcal{L}_{\text{Array}}$ 语言的类型检查器添加了一个 `has_type` 字段，这样就可以检查该字段以确定该操作符是应用于元组还是数组。

7.9.3 边界检查

回想一下，当数组访问越界时，$\mathcal{L}_{\text{Array}}$ 语言的解释器会发出 `TrappedError` 信号。因此，编译器也有义务在执行期间捕获这些错误并停止编译，发出错误信号。我们建议插入一个名为 `check_bounds` 的新编译遍，它在每个下标操作周围插入代码，以确保索引大于或等于零且小于数组的长度。如果不满足这一条件，程序应该停止，为此我们建议使用名为 `exit` 的新原始操作。

7.9.4 显露分配

这一编译遍应该将数组创建转换为更低级别的操作。特别是，新的 AST 节点 `AllocateArray`(*exp*，*type*) 类似于元组的 `Allocate` 的 AST 节点。其中的 *type* 参

数必须是 `ListType(T)`，而 *T* 是数组的元素类型。`AllocateArray` AST 节点分配一个长度由 *exp*（其类型为 `int`）指定，但不初始化数组的元素。在这遍中生成代码来初始化元素，类似于前面元组的情况。

7.9.5 移除复杂操作数

为 `AllocateArray` 节点在 `rco_atom` 和 `rco_exp` 中添加处理实例。特别是，`AllocateArray` 节点很复杂，它的子表达式必须是原子的。

7.9.6 详细控制

为 `AllocateArray` 节点增加 `explicate_tail` 和 `explicate_assign` 情况的处理。

7.9.7 选择指令

为 `AllocateArray` 节点生成指令类似于 7.6 节中给出的 `Allocate` 节点，只是数组前面的标记应该使用 7.9.1 节中讨论的表示方式。

关于 `array_len`，可以从标记中提取出长度。

访问数组元素所生成的指令与访问元组（7.6 节）的指令不同，因为索引不是常量，所以需要在运行时生成计算偏移量的指令。

将 `exit` 原始操作编译为对 C 标准库的 `exit` 函数的调用，其调用的参数为 255。

习题 7.1 通过扩展 $\mathcal{L}_{\text{While}}$ 语言的编译器来实现 $\mathcal{L}_{\text{Array}}$ 语言的编译器。在六个新程序上测试编译器，包括图 7.20 所示的程序和两个矩阵相乘的程序。请注意，虽然矩阵是二维数组，但是可以通过排列数组中的每一行来将它们编码为一维数组。

7.10 进一步阅读

Appel（1990）描述了许多数据表示方法，包括在标准 ML 编译中使用的方法。

在垃圾回收方面，有许多替代复制收集器（及其更复杂的变体——分代收集器）的方法，例如标记－清除（McCarthy 1960）和引用计数（Collins 1960）。复制收集器的优点是分配速度快（只是比较和指针增量），没有碎片，可回收循环垃圾，收集的时间复杂度仅取决于活跃数据的数量，而不取决于垃圾的数量（Wilson 1992）。双空间复制收集器的主要缺点是使用了大量额外的空间，并且需要很长时间来执行复制，尽管这些问题在分代收集器中得到了改善。面向对象程序倾向于分配许多小对象并生成大量垃圾，因此复制和分代收集器非常适合（Dieckmann and Hölzle 1999）。垃圾回收是一个活跃的研究课题，尤其是并发垃圾回收（Tene, Iyengar and Wolf 2011）。研究人员不断开发新技术并重新审视旧方案（Blackburn, Cheng,and McKinley 2004；Jones, Hosking, and Moss 2011；Shahriyar et al. 2013；Cutler and Morris 2015；Shidal et al. 2015；Österlund and Löwe 2016；Jacek and Moss 2019；Gamari and Dietz 2020）。研究人员每年都会在国际内存管理研讨会上展示这些成果。

第 8 章

函　　数

本章研究 Python 语言的一个子集的编译,该子集中只允许顶层函数定义。这种函数出现在 C 编程语言中,它是实现 lambda 抽象形式的词法作用域函数的重要基石,这将会是第 9 章的主题。

8.1 $\mathcal{L}_{\text{Fun}}$ 语言

函数定义和函数应用的具体语法和抽象语法如图 8.1 和图 8.2 所示,我们用它们定义了 $\mathcal{L}_{\text{Fun}}$ 语言。$\mathcal{L}_{\text{Fun}}$ 语言中的程序从零个或多个函数定义开始。这些定义中的函数名在整个程序的作用域中均有效,包括所有的函数定义,因此函数定义的顺序无关紧要。图 8.2 中函数参数的抽象语法是一个数据对的列表,每个数据对由参数名及其类型组成。这种设计不同于 Python 语言的 ast 模块,后者具有更复杂的函数参数结构,用于处理关键字参数、默认值等。type_check_Lfun 中的类型检查器将复杂的 Python 抽象语法转换为如图 8.2 所示的更简单的语法。FunctionDef 构造函数的第四个和第六个参数用于装饰符和类型注释说明,我们的编译器不会使用它们。我们建议在 shrink 编译遍中将它们替换为 None。函数应用的具体语法是 *exp*(*exp*, ⋯),其中第一个表达式必须为对一函数求值,其余表达式为参数。函数应用的抽象语法是 Call(*exp*, *exp**)。

exp	::=	*int* | input_int() | -*exp* | *exp*+*exp* | *exp*-*exp* | (*exp*)
stmt	::=	print(*exp*) | *exp*
exp	::=	*var*
stmt	::=	*var* = *exp*
cmp	::=	== | != | < | <= | > | >=
exp	::=	True | False | *exp* and *exp* | *exp* or *exp* | not *exp*
	|	*exp cmp exp* | *exp* if *exp* else *exp*
stmt	::=	if *exp*: *stmt*$^+$ else: *stmt*$^+$
stmt	::=	while *exp*: *stmt*$^+$
cmp	::=	is
exp	::=	*exp*, ... , *exp* | *exp*[*int*] | len(*exp*)
type	::=	int | bool | void | tuple[*type*$^+$] | Callable[[*type*, ...], *type*]

图 8.1 $\mathcal{L}_{\text{Fun}}$ 语言的具体语法,它扩展了 $\mathcal{L}_{\text{Tup}}$ 语言(图 7.1)

```
exp   ::=  exp(exp, …)
stmt  ::=  return exp
def   ::=  def var(var:type, …) -> type: stmt⁺
𝓛_Fun ::=  def … stmt …
```

图 8.1 $\mathcal{L}_{\text{Fun}}$ 语言的具体语法，它扩展了 $\mathcal{L}_{\text{Tup}}$ 语言（图 7.1）（续）

```
exp     ::= Constant(int) | Call(Name('input_int'),[])
         |  UnaryOp(USub(),exp) | BinOp(exp,Add(),exp)
         |  BinOp(exp,Sub(),exp)
stmt    ::= Expr(Call(Name('print'),[exp])) | Expr(exp)
exp     ::= Name(var)
stmt    ::= Assign([Name(var)], exp)
boolop  ::= And() | Or()
cmp     ::= Eq() | NotEq() | Lt() | LtE() | Gt() | GtE()
bool    ::= True | False
exp     ::= Constant(bool) | BoolOp(boolop,[exp,exp])
         |  UnaryOp(Not(),exp) | Compare(exp,[cmp],[exp])
         |  IfExp(exp,exp,exp)
stmt    ::= If(exp, stmt⁺, stmt⁺)
stmt    ::= While(exp, stmt⁺, [])
cmp     ::= Is()
exp     ::= Tuple(exp⁺,Load()) | Subscript(exp,Constant(int),Load())
         |  Call(Name('len'),[exp])
type    ::= IntType() | BoolType() | VoidType() | TupleType[type⁺]
         |  FunctionType(type*, type)
exp     ::= Call(exp, exp*)
stmt    ::= Return(exp)
params  ::= (var,type)*
def     ::= FunctionDef(var, params, stmt⁺, None, type, None)
𝓛_Fun   ::= Module([def … stmt …])
```

图 8.2 $\mathcal{L}_{\text{Fun}}$ 语言的抽象语法，它扩展了 $\mathcal{L}_{\text{Tup}}$ 语言（图 7.2）

函数指针是数据，可以存储在内存中或作为参数传递给另一个函数，在这个意义上函数是第一类对象。因此，有一个函数类型，记为

```
Callable[[type₁,…,typeₙ], typeᵣ]
```

函数的 n 个形参类型为 $type_1$ 到 $type_n$，函数的返回类型为 $type_R$。这些函数（相对于 Python 函数）的主要限制是它们没有词法作用域。也就是说，可以从函数体内部引用的唯一外部实体是其他全局定义的函数。$\mathcal{L}_{\text{Fun}}$ 的语法阻止了函数的定义之间相互嵌套。

图 8.3 所示的程序是在 $\mathcal{L}_{\text{Fun}}$ 中定义和使用函数的代表性示例。我们定义了一个函数 map，该函数将某个函数 f 应用于元组的两个元素，并返回一个包含结果的新元组。我们还定义了一个函数 inc。程序将 map 应用到 inc 和 (0, 41)，其结果是 (1, 42)，从而返回 42。

```python
def map(f : Callable[[int], int], v : tuple[int,int]) -> tuple[int,int]:
    return f(v[0]), f(v[1])

def inc(x : int) -> int:
    return x + 1

print(map(inc, (0, 41))[1])
```

图 8.3　$\mathcal{L}_{\text{Fun}}$ 语言中使用函数的例子

$\mathcal{L}_{\text{Fun}}$ 语言的定义性解释器如图 8.4 所示。`Module` 的 AST 用例负责在顶级函数定义之间建立相互递归。我们创建了一个名为 `env` 的字典，并通过将每个函数名映射到一个新的 `Function` 的值来填充 `env`，每个函数值存储一个对 `env` 的引用（为此我们定义了类 `Function`）。为了对函数调用进行解释，我们匹配函数表达式的结果以获得函数值，然后用形参到实参值的映射扩展函数的环境。最后，我们在这个扩展环境中对函数体进行解释。

```python
class InterpLfun(InterpLtup):
  def apply_fun(self, fun, args, e):
    match fun:
      case Function(name, xs, body, env):
        new_env = env.copy().update(zip(xs, args))
        return self.interp_stmts(body, new_env)
      case _:
        raise Exception('apply_fun: unexpected: ' + repr(fun))

  def interp_exp(self, e, env):
    match e:
      case Call(Name('input_int'), []):
        return super().interp_exp(e, env)
      case Call(func, args):
        f = self.interp_exp(func, env)
        vs = [self.interp_exp(arg, env) for arg in args]
        return self.apply_fun(f, vs, e)
      case _:
        return super().interp_exp(e, env)

  def interp_stmt(self, s, env, cont):
    match s:
      case Return(value):
        return self.interp_exp(value, env)
      case FunctionDef(name, params, bod, dl, returns, comment):
        if isinstance(params, ast.arguments):
          ps = [p.arg for p in params.args]
        else:
          ps = [x for (x,t) in params]
        env[name] = Function(name, ps, bod, env)
        return self.interp_stmts(cont, env)
      case _:
        return super().interp_stmt(s, env, cont)
```

图 8.4　$\mathcal{L}_{\text{Fun}}$ 语言的解释器

```
def interp(self, p):
  match p:
    case Module(ss):
      env = {}
      self.interp_stmts(ss, env)
      if 'main' in env.keys():
          self.apply_fun(env['main'], [], None)
    case _:
      raise Exception('interp: unexpected ' + repr(p))
```

图 8.4 $\mathcal{L}_{\text{Fun}}$ 语言的解释器（续）

$\mathcal{L}_{\text{Fun}}$ 语言的类型检查器如图 8.5 所示（这里省略了将函数参数解析为更简单的抽象语法的代码）。与解释器类似，Module 的 AST 的用例负责在顶级函数定义之间建立相互递归。我们首先从每个函数名到它的类型创建映射 env。然后，我们使用这个映射键入检查程序。要检查函数定义，可以用函数的形参对 env 进行复制和扩展。然后对函数体进行类型检查，并获得实际的返回类型 rt，rt 要么是 return 语句中表达式的类型，要么是 VoidType——如果控制在没有 return 语句的情况下到达函数末尾。（如果有多个 return 语句，它们的表达式类型必须一致！）最后，检查实际的返回类型 rt 是否等于声明的返回类型 return。为了检查函数调用，将函数表达式的类型与函数类型匹配，并检查实参表达式的类型是否等于函数的形参类型。调用的类型整体上是由函数类型所返回的类型。

```
class TypeCheckLfun(TypeCheckLtup):
  def type_check_exp(self, e, env):
    match e:
      case Call(Name('input_int'), []):
        return super().type_check_exp(e, env)
      case Call(func, args):
        func_t = self.type_check_exp(func, env)
        args_t = [self.type_check_exp(arg, env) for arg in args]
        match func_t:
          case FunctionType(params_t, return_t):
            for (arg_t, param_t) in zip(args_t, params_t):
              check_type_equal(param_t, arg_t, e)
            return return_t
          case _:
            raise Exception('type_check_exp: in call, unexpected ' +
                            repr(func_t))
      case _:
        return super().type_check_exp(e, env)

  def type_check_stmts(self, ss, env):
    if len(ss) == 0:
      return VoidType()
    match ss[0]:
```

图 8.5 $\mathcal{L}_{\text{Fun}}$ 语言的类型检查器

```
        case FunctionDef(name, params, body, dl, returns, comment):
          new_env = env.copy().update(params)
          rt = self.type_check_stmts(body, new_env)
          check_type_equal(returns, rt, ss[0])
          return self.type_check_stmts(ss[1:], env)
        case Return(value):
          return self.type_check_exp(value, env)
        case _:
          return super().type_check_stmts(ss, env)

    def type_check(self, p):
      match p:
        case Module(body):
          env = {}
          for s in body:
            match s:
              case FunctionDef(name, params, bod, dl, returns, comment):
                if name in env:
                  raise Exception('type_check: function ' +
                                  repr(name) + ' defined twice')
                params_t = [t for (x,t) in params]
                env[name] = FunctionType(params_t, returns)
          self.type_check_stmts(body, env)
        case _:
          raise Exception('type_check: unexpected ' + repr(p))
```

图 8.5　$\mathcal{L}_{Fun}$ 语言的类型检查器（续）

8.2　x86 汇编下的函数

x86 架构提供了一些新的特性来支持函数的实现。我们已经看到，在 x86 中有标签，这样就可以参考指令的位置，就像跳转指令所需要的那样。标签也可以用来标记函数指令的开始部分。更进一步，我们可以使用 `leaq` 指令获得标签的地址。例如，下面的代码将 `inc` 标签的地址放入 `rbx` 寄存器：

```
leaq inc(%rip), %rbx
```

回想一下 7.6 节中，`inc(%rip)` 是指令指针相对寻址的一个例子。

在 2.2 节中，我们使用 `callq` 指令跳转到位置由标签给出的函数，如 `read_int` 函数。为了支持本章中的函数调用，我们转而跳到由寄存器中的地址给出位置的函数：也就是说，我们使用间接函数调用。这在 x86 汇编的语法中是一个 `callq` 指令，它要求在寄存器名之前加一个星号：

```
callq *%rbx
```

8.2.1　调用约定

`callq` 指令为实现函数提供了部分支持：它将返回地址压入栈并跳转到目标。

但是，callq 不会处理：

- 参数传递。
- 在过程调用栈上推入帧并弹出它们。
- 确定不同函数如何共享寄存器。

关于参数传递，回想一下基于 UNIX 系统的 x86-64 调用约定使用以下六个寄存器按照给定的顺序将参数传递给函数：

rdi rsi rdx rcx r8 r9

如果函数有 6 个以上的参数，那么调用约定要求在调用方的帧上为其余参数分配空间。然而，为了简化有效尾调用的实现（8.2.2 节），我们安排永远不需要超过 6 个参数。函数的返回值存储在寄存器 rax 中。

关于帧和过程调用栈，回想 2.2 节，栈逐渐减少，每个函数调用使用栈上称为帧的一块空间。调用者将栈指针（寄存器 rsp）设置为其帧中的最后一个数据项。被调用者不能改变调用者帧中的任何内容，也就是说，不能改变栈指针处或上面的任何内容。被调用函数可以自由地使用栈指针以下的位置。

回想一下，我们将元组类型的变量存储在根栈上。因此，函数的起始代码需要根据元组类型的变量数字向上移动根栈指针 r15，并且收尾代码需要将根栈指针向下移动。此外，起始代码必须将该帧在根栈中的槽初始化为 0，以便向垃圾回收器发出信号，表明这些槽尚未包含有效指针。否则，垃圾回收器将把这些槽中的垃圾指示位解释为内存地址，并尝试遍历它们，从而导致严重的混乱！

关于不同函数之间的寄存器共享，回顾 4.1 节，寄存器分为两组，调用者保存的寄存器和被调用者保存的寄存器。调用者应该假设所有调用者保存的寄存器都可能会由被调用者用任意值覆盖。因此，我们在 4.1 节中建议，在函数调用期间活跃变量不应该分配给调用者保存的寄存器。

另一方面，如果被调用函数想要使用被调用者自己保存的寄存器，则被调用方必须将这些寄存器的内容保存在其栈帧上，然后在返回给调用方之前将它们放回去。因此，我们在 4.1 节中建议，如果寄存器分配器将一个变量赋值给一个被调用者保存的寄存器，那么 main 函数的起始处理必须将该寄存器保存到栈中，main 函数的收尾处理必须恢复该寄存器。这一建议现在已推广到了所有函数。

回想一下，基指针寄存器 rbp 被用作帧内的参考点，因此每个局部变量都可以在基指针的固定偏移量处访问（2.2 节）。图 8.6 显示了调用者帧和被调用者帧的内存布局。

调用者视图	被调用者视图	内容	帧
8(%rbp)		返回地址	调用者
0(%rbp)		旧的 rbp	
-8(%rbp)		调用者保存 1	
……		……	
-8j(%rbp)		调用者保存 j	
-8(j + 1)(%rbp)		局部变量 1	
……		……	
-8(j + k)(%rbp)		局部变量 k	
	8(%rbp)	返回地址	被调用者
	0(%rbp)	旧的 rbp	
	-8(%rbp)	被调用者保存 1	
	……	……	
	-8n(%rbp)	被调用者保存 n	
	-8(n + 1)(%rbp)	局部变量 1	
	……	……	
	-8(n + m)(%rbp)	局部变量 m	

图 8.6 调用者帧和被调用者帧的内存布局

8.2.2 高效的尾调用

一般来说，程序使用的栈空间的大小是由最长的嵌套函数调用链决定的。也就是说，如果函数 f_1 调用 f_2，f_2 调用 f_3，以此类推到 f_n，那么栈空间的数量关于 n 是线性的。如果函数是递归的，深度 n 可以变得相当大。然而，在某些情况下，我们可以为嵌套函数调用的长链安排仅仅使用固定大小的空间。

尾调用是指作为函数体中最后一个操作而执行的函数调用。例如，在下面的程序中，对 `tail_sum` 的递归调用是尾调用：

```python
def tail_sum(n : int, r : int) -> int:
  if n == 0:
    return r
  else:
    return tail_sum(n - 1, n + r)

print(tail_sum(3, 0) + 36)
```

在进行尾调用时，不再需要调用者的帧，因此我们可以在进行尾调用之前弹出调用者的帧。使用这种方法，只进行尾调用的递归函数最终会使用一定量的栈空间。

在尾调用中传递参数时需要注意。如前所述，对于超过 6 个参数，约定是使用调用者帧中的空间来传递参数。然而，对于一个尾调用，我们弹出调用者的帧并且不能再使用它。另一种方法是使用被调用者的帧中的空间来传递参数。然而，这个选项也是有问题的，因为调用者和被调用者的帧在内存中重叠。当我们开始以调用者帧为源进行参数复制时，被调用者帧中的目标位置可能与后面参数的源发生冲突！我们可以通过使用堆而不是栈来传递 6 个以上的参数来解决这个问题（见 8.5 节）。

如前所述，对于尾调用，我们在进行尾调用之前弹出调用者的帧。弹出帧的指令通常是我们放在函数收尾的指令。因此，我们还需要在每个尾调用之前立即放置这样的代码。这些指令包括恢复调用者保存的寄存器，因此幸运的是，传递参数的寄存器都是调用者保存的寄存器。

关于使用哪条指令进行尾调用，还需要注意一点：当被调用者执行完成时，它不应该返回到当前函数，而是返回到调用当前函数的函数中。因此，栈上已经存在的返回地址就是正确的返回地址，我们不应该使用 callq 来进行尾调用，因为这会覆盖返回地址。相反，我们只使用 jmp 跳转指令。与间接函数调用一样，我们编写了一个带有星号前缀的寄存器的间接跳转，建议使用 rax 来保存跳跃目标，因为收尾代码可以覆盖几乎所有其他内容。

```
jmp *%rax
```

8.3 收缩 $\mathcal{L}_{\text{Fun}}$ 语言

shrink 编译遍执行一个小的修改以简化后续的遍。这一遍引入了一个显式的 main 函数，它囊括了模块的所有顶级语句。

Module(*def* ... *stmt* ...)
⇒ Module(*def* ... *mainDef*)

其中的 *mainDef* 如下：

FunctionDef('main', [], int, None, *stmt* ... Return(Constant(0)), None)

8.4 揭示函数和 $\mathcal{L}_{\text{FunRef}}$ 语言

$\mathcal{L}_{\text{Fun}}$ 的语法不方便编译，因为它混淆了函数名和局部变量的使用。这是一个问题，因为我们需要编译函数名的使用方式与局部变量的使用方式不同。特别地，我们使用 leaq 将函数名（x86 汇编中的标签）转换为寄存器中的地址。因此，我们创建了一个新的编译遍，将函数引用从 Name(*f*) 更改为 FunRef(*f*, *n*)，其中 *n* 是函数的度数[①]。该编译遍名为 reveal_functions，输出语言为 $\mathcal{L}_{\text{FunRef}}$。

编译过程中 reveal_functions 遍应该出现在 remove_complex_operands 遍之前，因为函数引用应该被归类为复杂表达式。

8.5 限制函数

回想一下，我们希望将函数参数的数量限制在六个，这样就不需要使用栈来传递参数。这样的限制使得实现有效的尾调用变得更容易。然而，由于输入语言 $\mathcal{L}_{\text{Fun}}$ 支持任意数量的函数参数，我们还有一些工作要做。limit_functions 编译遍将涉及六个以上参数的函数和函数调用转换为像往常一样传递前五个参数，但它将其余参数打包到一个元组中，并将其作为第六个参数进行传递[②]。

对于有七个或更多参数的函数定义，转换如下：

FunctionDef(*f*, [(x_1,T_1),...,(x_n,T_n)], T_r, None, *body*, None)
$\Rightarrow$
FunctionDef(*f*, [(x_1,T_1),...,(x_5,T_5),(tup,TupleType([T_6,...,T_n]))], T_r, None, *body′*, None)

其中程序体 *body* 被转换为 *body′*，通过将 $i > 5$ 的每个参数 x_i 的出现替换为元组的第 *k* 个元素，其中 $k = i - 6$。

Name(x_i) $\Rightarrow$ Subscript(tup, Constant(*k*), Load())

对于带有太多参数的函数调用，limit_functions 编译遍会用以下方式对它们进行转换：

Call(e_0, [e_1,...,e_n])　　$\Rightarrow$　Call(e_0, [e_1,...,e_5,Tuple([e_6,...,e_n])])

8.6 移除复杂操作数

这一编译遍的主要决策是将 FunRef 和 Call 分类为原子表达式还是复杂表达式。回想一下，原子表达式最终作为 x86 指令的直接参数。函数应用程序转换为指令序列，因此 Call 必须归类为复杂表达式。另一方面，Call 的参数应该是原子表

[①] 参数数量在本章中不需要，但在第 10 章中使用。

[②] 这一遍的实现可以推迟到最后，因为可以测试传递带有六个或更少参数的函数测试的其余遍的处理。

达式。关于 FunRef，如前所述，需要使用 leaq 指令将函数标号转换为地址。因此，尽管 FunRef 看起来相当简单，但需要将其归类为复杂表达式，以便我们生成一个赋值语句，其左侧可以作为 leaq 指令的目标。

这个编译遍的输出是 $\mathcal{L}_{\text{FunRef}}^{mon}$ 语言（图 8.7），它扩展了 $\mathcal{L}_{\text{Alloc}}^{mon}$ 语言（图 7.11），在表达式语法中新增了 FunRef 和 Call 操作符，同时扩展程序以包含函数定义列表。此外，$\mathcal{L}_{\text{FunRef}}^{mon}$ 语言还将 Return 添加到语句的语法中。

```
atm     ::=  Constant(int) | Name(var)
exp     ::=  atm | Call(Name('input_int'),[])
         |   UnaryOp(USub(),atm) | BinOp(atm,Add(),atm)
         |   BinOp(atm,Sub(),atm)
stmt    ::=  Expr(Call(Name('print'),[atm])) | Expr(exp)
         |   Assign([Name(var)], exp)
atm     ::=  Constant(bool)
exp     ::=  UnaryOp(Not(),exp) | Compare(atm,[cmp],[atm])
         |   IfExp(exp,exp,exp) | Begin(stmt*, exp)
stmt    ::=  If(exp, stmt*, stmt*)
stmt    ::=  While(exp, stmt+, [])
atm     ::=  GlobalValue(var)
exp     ::=  Subscript(atm,atm,Load()) | Call(Name('len'),[atm])
         |   Allocate(int,type)
stmt    ::=  Assign([Subscript(atm,atm,Store())], atm)
         |   Collect(int)
type    ::=  IntType() | BoolType() | VoidType() | TupleType[type+]
         |   FunctionType(type*, type)
exp     ::=  FunRef(label, int) | Call(atm, atm*)
stmt    ::=  Return(exp)
params  ::=  (var,type)*
def     ::=  FunctionDef(var, params, stmt+, None, type, None)
$\mathcal{L}_{\text{FunRef}}^{mon}$ ::= Module([def...stmt...])
```

图 8.7 $\mathcal{L}_{\text{FunRef}}^{mon}$ 语言是 $\mathcal{L}_{\text{FunRef}}$ 语言的一元标准形式

8.7 详细控制和 $\mathcal{C}_{\text{Fun}}$ 语言

图 8.8 定义了 $\mathcal{C}_{\text{Fun}}$ 语言的抽象语法，$\mathcal{C}_{\text{Fun}}$ 语言是 explicate_control 编译遍的输出。赋值的辅助函数在此应该更新为 Call 和 FunRef 的实例，并且谓词上下文的函数应该更新为 Call 而不是 FunRef（FunRef 不能是布尔值）。在赋值和谓词上下文中，Apply 变成了 Call。我们建议为处理函数定义再定义一个新的辅助函数。这段代码类似于 $\mathcal{L}_{\text{Tup}}$ 语言中的 Program。然后，处理 $\mathcal{C}_{\text{Fun}}$ 语言的 ProgramDefs 形式的顶层 explicate_control 函数可以将这个新函数应用于所有函数定义。

```
atm    ::=  Constant(int) | Name(var) | Constant(bool)
exp    ::=  atm | Call(Name('input_int'),[]) | UnaryOp(USub(),atm)
       |    BinOp(atm,Sub(),atm) | BinOp(atm,Add(),atm)
       |    Compare(atm,[cmp],[atm])
stmt   ::=  Expr(Call(Name('print'),[atm])) | Expr(exp)
       |    Assign([Name(var)], exp)
tail   ::=  Return(exp) | Goto(label)
       |    If(Compare(atm,[cmp],[atm]), [Goto(label)], [Goto(label)])
atm    ::=  GlobalValue(var)
exp    ::=  Subscript(atm,atm,Load()) | Allocate(int,type)
       |    Call(Name('len'),[atm])
stmt   ::=  Collect(int) | Assign([Subscript(atm,atm,Store())], atm)
exp    ::=  FunRef(label, int) | Call(atm, atm*)
tail   ::=  TailCall(atm, atm*)
params ::=  [(var,type),...]
block  ::=  label:stmt* tail
def    ::=  FunctionDef(label, params, {block,...}, None, type, None)
C_Fun  ::=  CProgramDefs([def,...])
```

图 8.8　$\mathcal{C}_{\text{Fun}}$ 语言的抽象语法，它扩展了 $\mathcal{C}_{\text{Tup}}$ 语言（图 7.12）

Return 语句的翻译需要一个新的辅助函数来处理尾部上下文中的表达式，称为 explicate_tail。该函数应该接受一个表达式和基本块的字典，并生成 $\mathcal{C}_{\text{Fun}}$ 语言中的语句列表。explicate_tail 函数应该处理包括 Begin、IfExp 和 Call 的形式，以及其他类型表达式的默认形式。默认情况下应该产生一个 Return 语句。Call 的情况应该改为 TailCall。其他情况应该递归地处理它们的子表达式和语句，为各种上下文选择适当的具体处理函数。

8.8　选择指令和 $\text{x86}^{\text{Def}}_{\text{callq*}}$ 语言

选择指令编译遍的输出是 $\text{x86}^{\text{Def}}_{\text{callq*}}$ 语言的程序，$\text{x86}^{\text{Def}}_{\text{callq*}}$ 语言的具体语法定义如图 8.9 所示，其抽象语法定义如图 8.10 所示。我们在函数定义的标签上使用 align 编译指令来确保底部三位为零，这将会在第 10 章中使用。我们将在本节中根据需要讨论新的指令。

对变量的函数引用赋值成为如下的有效加载地址指令，其中 lhs' 是 lhs 从 $\mathcal{C}_{\text{Fun}}$ 语言中的非终结符 atm 转换为 $\text{x86}^{\text{Def}}_{\text{callq*}}$ 语言中的 arg。FunRef 变成了一个 Global 的 AST 节点，其具体语法是指令指针相对寻址。

$$lhs = \text{FunRef}(f\ n); \quad \Rightarrow \quad \text{leaq } f(\text{\%rip}), \ lhs'$$

关于函数定义，我们需要移走形参，并使用 8.2 节中讨论的约定执行形参的传递。也就是说，参数是在寄存器中传递。我们建议将形参转换为局部变量，并在函数开头生成指令，以便从传递参数的寄存器（8.2.1 节）传送到这些局部变量。

FunctionDef(f, [(x_1, T_1), ...], B, _, T_r, _)
$\Rightarrow$
FunctionDef(f, [], B', _, int, _)

```
reg      ::= rsp | rbp | rax | rbx | rcx | rdx | rsi | rdi |
             r8 | r9 | r10 | r11 | r12 | r13 | r14 | r15
arg      ::= $int | %reg | int(%reg)
instr    ::= addq arg,arg | subq arg,arg | negq arg | movq arg,arg |
             pushq arg | popq arg | callq label | retq | jmp label |
             label : instr
────────────────────────────────────────────────────────────
bytereg  ::= ah | al | bh | bl | ch | cl | dh | dl
arg      ::= %bytereg
cc       ::= e | ne | l | le | g | ge
instr    ::= xorq arg, arg | cmpq arg, arg | setcc arg | movzbq arg, arg
           | jcc label
────────────────────────────────────────────────────────────
arg      ::= label(%rip)
────────────────────────────────────────────────────────────
instr    ::= callq *arg | tailjmp arg | leaq arg, %reg
block    ::= instr⁺
def      ::= .globl .align 8 label (label: block)*
x86ᴰᵉᶠ_callq* ::= def*
```

图 8.9 $x86_{callq*}^{Def}$ 语言的具体语法（扩展图 7.13 中的 $x86_{Global}$ 语言）

```
arg      ::= Constant(int) | Reg(reg) | Deref(reg,int) | ByteReg(reg)
           | Global(label) | FunRef(label, int)
instr    ::= ... | IndirectCallq(arg, int) | TailJmp(arg, int)
           | Instr('leaq', [arg, Reg(reg)])
block    ::= label : instr*
def      ::= FunctionDef(label, [], {block, ...}, _, type, _)
x86ᴰᵉᶠ_callq* ::= X86ProgramDefs([def, ... ])
```

图 8.10 $x86_{callq*}^{Def}$ 语言的抽象语法（扩展图 7.14 中的 $x86_{Global}$ 语言）

基本块 B' 与 B 相同，除了 start 块被修改以添加从参数寄存器移动到参数变量的指令。因此，下面左边显示的 B 的 start 块更改为右边的代码：

```
start:                  fstart:
  instr₁                  movq %rdi, x₁
  ...            ⇒        movq %rsi, x₂
  instrₙ                  ...
                          instr₁
                          ...
                          instrₙ
```

回想一下，我们在程序的初始块中使用了标签 start，并且在 2.5 节中，我们建议将程序的收尾标记为 conclusion，以便可以将 Return(Arg) 编译为对 rax 的赋值，然后跳转到 conclusion。随着函数定义的增加，每个函数都有一个开始块和收尾块，但是它们的标签必须是唯一的。我们建议在函数的起始和收尾前分别加上函数名，以便获得唯一的标签。

通过将参数更改为局部变量，我们让寄存器分配器控制它们使用哪些寄存器或栈位置。如果你克服了传送偏置的挑战（4.7 节），寄存器分配器会尝试将参数变量分配给相应的参数寄存器，在这种情况下，`patch_instructions` 编译遍将删除 `movq` 指令。这发生在图 8.12 给出的示例转换中，位于 add 函数中。另外，请注意，寄存器分配器将对这个移动指令序列进行活跃性分析，并构建干涉图。例如，x_1 将被标记为干扰 `rsi`，这将阻止 x_1 到 `rsi` 的映射，这样是合适的，否则第一个 `movq` 将覆盖 `rsi` 中 x_2 所需的参数。

接下来，考虑函数调用的编译。在函数定义对参数处理的镜像中，实参被传送到传递参数的寄存器中。注意，该函数没有作为标签给出，但它的地址由参数 arg_0 产生。所以，我们把调用转换成间接函数调用。函数的返回值存储在 `rax` 中，因此需要将其传到 *lhs* 中。

$$
\begin{aligned}
&\textit{lhs} = \text{Call}(arg_0,\ [arg_1\ arg_2 \ldots]) \\
&\Rightarrow \\
&\text{movq } arg_1,\ \%\text{rdi} \\
&\text{movq } arg_2,\ \%\text{rsi} \\
&\quad\vdots \\
&\text{callq } *arg_0 \\
&\text{movq } \%\text{rax},\ \textit{lhs}
\end{aligned}
$$

`IndirectCallq` 的 AST 节点包含一个整数，表示函数的度，即参数的个数。该信息在 `uncover_live` 编译遍中非常有用，可用于确定调用期间可能会读取哪些传递参数的寄存器。

对于尾调用，参数传递与非尾调用是相同的：生成指令将参数传送到参数传递的寄存器中。之后，我们需要从过程调用栈中弹出该帧。然而，我们还不知道这个帧有多大，这是在寄存器分配期间才能确定的。因此，我们没有在这里生成这些指令，而是发明了一条新指令，它的意思是"弹出帧，然后进行间接跳转"，我们将其命名为 `TailJmp`。此指令的抽象语法包括一个指定跳转位置的参数，以及一个表示被调用函数的参数个数的整数。

8.9 寄存器分配

添加函数需要对寄存器分配的所有三个方面进行一些更改，我们将在下面的小节中讨论这一点。

8.9.1 活跃性分析

IndirectCallq 指令应该像 Callq 指令一样对待它的写入位置 W，也就是它们应该包括所有调用者保存的寄存器。回想一下，这样做的原因是强制将跨函数调用的活跃变量分配给被调用者保存的寄存器或溢出到栈中。

关于读位置集 R，TailJmp 和 IndirectCallq 指令的个数字段决定了有多少传递参数的寄存器应该被这些指令视为读。此外，TailJmp 和 IndirectCallq 的目标字段应该包含在读取位置集 R 中。

8.9.2 构建干涉图

随着函数定义的添加，我们需为每个函数计算单独的干涉图（而不仅仅是整个程序的干涉图）。

回想一下，在 7.7 节中，我们讨论了在调用垃圾回收器 collect 函数期间溢出活跃的元组类型变量的必要性。随着语言处理中函数的添加，我们需要重新考虑这个问题。执行分配的函数包含对收集器的调用。因此，我们不应该只溢出一个元组类型的变量，同时，如果变量在调用任何用户定义函数期间是活跃的，那么也应该溢出该变量。因此，在 build_interference 编译遍中，我们建议在调用活跃元组类型变量和被调用者保存的寄存器之间添加干扰边（除去已有的在调用活跃变量和调用者保存的寄存器之间创建边之外）。

8.9.3 分配寄存器

对 allocate_registers 编译遍的主要更改是添加一个辅助函数来处理定义（如图 8.10 中所示的 *def* 非终结符），其中一个用于函数定义。逻辑与第 4 章中描述的相同，只是现在对每个函数定义执行一次寄存器分配，而不是对整个程序只执行一次。

8.10 修补指令

在 patch_instructions 编译遍中，应该处理 leaq 的目的参数必须是寄存器这一 x86 架构特性。此外，应该确保 TailJmp 的参数是 *rax*，这是我们保留的寄存器，因为我们在尾调用之前会使用到许多其他寄存器，这将在下一节中解释。

8.11 生成起始和收尾代码

现在已经完成了寄存器分配，我们可以将 TailJmp 翻译为一个指令序列。对 TailJmp 的简单翻译就是 jmp *arg。然而，在跳转之前，我们需要弹出当前帧以实现有效的尾调用。这个指令序列与函数结束的代码相同，只是 retq 指令被替换为 jmp *arg。

关于函数定义，我们为每个函数定义生成相应的起始和收尾代码。这段代码类似于第 7 章中为 main 函数生成的起始和收尾代码。回顾一下，每个函数的起始应执行以下步骤：

1. 将 rbp 压入栈并将 rbp 设置为当前栈指针。
2. 将所有被调用者保存的用于寄存器分配的寄存器压入栈。
3. 将栈指针 rsp 向下移动，为常规溢出腾出空间（对齐为 16 字节）。
4. 将根栈指针 r15 向上移动一个根栈帧的大小，这取决于溢出的元组类型变量的数量。
5. 将根帧中的所有新条目初始化为零。
6. 跳到起始块。

main 函数的起始处理有一个额外的任务：调用 initialize 函数来设置垃圾回收器，然后传送全局变量 rootstack_begin 至寄存器 r15 中。这个初始化应该在步骤 4 之前进行，因为步骤 4 依赖于 r15 中的值。

每个函数的收尾应该完成以下动作：

1. 将栈指针向上移动到常规溢出的位置。
2. 通过从栈中弹出寄存器来恢复被调用者保存的寄存器。
3. 将根栈指针按此函数的根栈帧的大小向下移动。
4. 通过从栈中弹出保存的值来恢复 rbp。
5. 使用 retq 指令返回至调用者。

这一遍的输出是 $x86_{callq*}$ 语言，它与 $x86_{callq*}^{Def}$ 语言的不同之处在于不再有用于函数定义的 AST 节点。相反，程序只是一个基本块的字典，就像 $x86_{Global}$ 中一样。所以我们有了下面的语法规则：

$x86_{callq*}$ ::= X86Program({*label*: *instr**, ... })

图 8.11 概述了将 $\mathcal{L}_{Fun}$ 语言编译为 x86 汇编的各编译遍处理。

习题 8.1 扩展你的编译器以处理本章中概述的 $\mathcal{L}_{Fun}$ 语言。创建八个使用函数的新程序，包括传递函数和从其他函数返回函数的示例、递归函数、创建元组的函数和进行尾调用的函数。使用这些新程序和所有之前创建的测试程序对扩展的编译器进行测试。

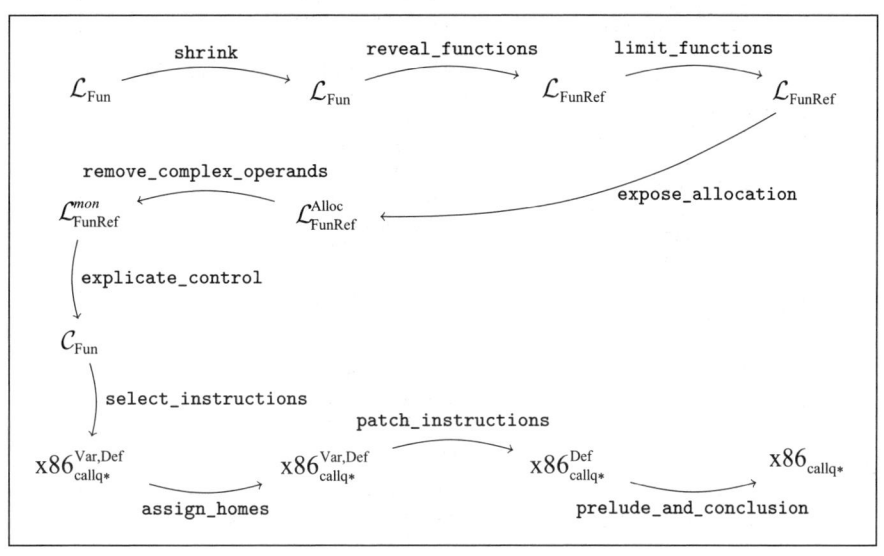

图 8.11　函数语言 $\mathcal{L}_{\text{Fun}}$ 的各编译遍

8.12　翻译举例

图 8.12 显示了将 $\mathcal{L}_{\text{Fun}}$ 语言中的一个简单函数翻译为 x86 汇编语言的过程示例。该图中包括 `explicate_control` 和 `select_instructions` 这两个编译遍的结果。

```
                                              def add() -> int:
                                                addstart:
                                                  movq %rdi, x
   def add(x:int, y:int) -> int:                  movq %rsi, y
     return x + y                                 movq x, %rax
   print(add(40, 2))                              addq y, %rax
                                                  jmp addconclusion
         ⇓                                    def main() -> int:
                                                mainstart:
   def add(x:int, y:int) -> int:                  leaq add, fun.0
     addstart:                                    movq $40, %rdi
       return x + y                ⇒             movq $2, %rsi
   def main() -> int:                             callq *fun.0
     mainstart:                                   movq %rax, tmp.1
       fun.0 = add                                movq tmp.1, %rdi
       tmp.1 = fun.0(40, 2)                       callq print_int
       print(tmp.1)                               movq $0, %rax
       return 0                                   jmp mainconclusion

                                              ⇓
```

图 8.12　编译一个简单函数到 x86 汇编语言的示例

```
        .align 8                    .globl main
add:                                .align 8
  pushq %rbp                main:
  movq %rsp, %rbp             pushq %rbp
  subq $0, %rsp               movq %rsp, %rbp
  jmp addstart                subq $0, %rsp
addstart:                     movq $65536, %rdi
  movq %rdi, %rdx             movq $65536, %rsi
  movq %rsi, %rcx             callq initialize
  movq %rdx, %rax             movq rootstack_begin(%rip), %r15
  addq %rcx, %rax             jmp mainstart
  jmp addconclusion         mainstart:
addconclusion:                leaq add(%rip), %rcx
  subq $0, %r15               movq $40, %rdi
  addq $0, %rsp               movq $2, %rsi
  popq %rbp                   callq *%rcx
  retq                        movq %rax, %rcx
                              movq %rcx, %rdi
                              callq print_int
                              movq $0, %rax
                              jmp mainconclusion
                            mainconclusion:
                              subq $0, %r15
                              addq $0, %rsp
                              popq %rbp
                              retq
```

图 8.12　编译一个简单函数到 x86 汇编语言的示例（续）

第 9 章

词法作用域函数

本章研究词法作用域函数。词法作用域意味着函数体可以引用绑定位置在函数外部的封闭作用域内的变量。图 9.1 中用 $\mathcal{L}_\lambda$ 语言编写的实例用 λ 式扩展了 $\mathcal{L}_{\text{Fun}}$ 语言用于创建词法作用域函数。lambda 的函数体引用了三个变量：x、y 和 z。x 和 y 的绑定位置点在 lambda 之外。变量 y 是函数 f 的一个局部变量，x 是函数 f 的一个参数。注意函数 f 返回 lambda 式作为结果值。该程序的主表达式包括两次对 f 的调用，并带有 x 的不同参数：首先是 5，然后是 3。从 f 返回的函数绑定到变量 g 和 h。尽管这两个函数是由相同的 lambda 创建的，但它们实际上是不同的函数，因为它们对 x 使用不同的值。将函数 g 应用于 11 产生 20，而将函数 h 应用于 15 产生 22，因此程序的结果是 42。

```
def f(x : int) -> Callable[[int], int]:
  y = 4
  return lambda z: x + y + z

g = f(5)
h = f(3)
print(g(11) + h(15))
```

图 9.1　词法作用域函数的示例

我们实现词法作用域函数的方法是将它们编译为顶层函数定义，从 $\mathcal{L}_\lambda$ 语言转换为 $\mathcal{L}_{\text{Fun}}$ 语言。但是，编译器必须对变量的出现给予特殊处理，例如图 9.1 所示的 lambda 函数体中的 x 和 y。毕竟，$\mathcal{L}_{\text{Fun}}$ 语言函数不能引用外部定义的变量。为了识别这种变量的出现，我们回顾了自由变量的标准概念。

定义 9.1　如果变量出现在表达式 e 中，但没有在表达式 e 中同时包含封闭定义，则称该变量在表达式 e 中是自由的。

例如，在表达式 x + y + z 中，变量 x、y 和 z 都是自由的。另一方面，在下面的表达式中只有 x 和 y 是自由的，因为 z 是由 lambda 定义的

```
lambda z: x + y + z
```

因此，lambda 式中的自由变量是需要特殊处理的。我们需要在运行时将这些变量的值从创建 lambda 的点传输到应用 lambda 的点。由 Cardelli（1983）提出的一种有效的解决方案是，将自由变量的值与函数指针捆绑到一个元组中，这种安排称为扁平闭包（简称为闭包）。通过设计，我们拥有了创建闭包的所有要素：第 7 章给出了元组，第 8 章给出了函数指针。函数指针位于索引 0 处，元组的其余部分由自由变量的值填充。

让我们回顾一下图 9.1 所示的例子，看看闭包是如何工作的。这是一种三步舞。程序调用函数 f，它为 lambda 式创建一个闭包。闭包是一个元组，其第一个元素是我们将为 lambda 式生成的顶层函数指针；第二个元素是 x 的值，也就是 5；第三个元素是 4，即 y 的值。闭包不包含关于 z 的元素，因为 z 不是 lambda 式的自由变量。创建闭包是舞蹈的第一步。闭包从 f 返回并绑定到 g，如图 9.2 所示。对 f 的第二次调用创建了另一个闭包，这次第二个槽中为 3（对应于 x）。这个闭包也从 f 返回，但绑定到了 h，如图 9.2 所示。

继续这个示例，考虑图 9.1 所示的应用 g 到 11 的情况。为了应用闭包，我们从闭包的第一个元素获取函数指针并调用它，在闭包本身中传递它，然后传递常规参数，在本例中为 11。这种应用闭包的技术是舞蹈的第二步。但是这个 lambda 式不是只有一个参数吗，也就

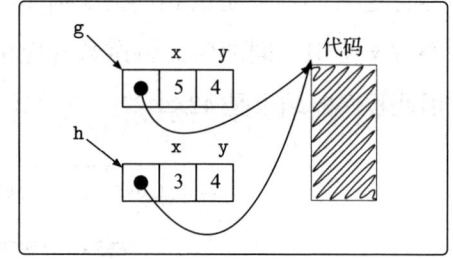

图 9.2　图 9.1 中 lambda 产生的两个函数的扁平闭包表示

是对于参数 z？第三步也是最后一步是为 lambda 式生成顶层函数。我们为闭包添加一个额外的参数，并在开头部分为每个自由变量插入一个初始化，将这些变量绑定到闭包参数中的适当元素。这样的三步舞被称为闭包转换。我们将在 9.5 节讨论闭包转换的细节，并展示由 9.5 节的示例生成的代码。首先，我们在 9.1 节中定义了 $\mathcal{L}_\lambda$ 语言的语法和语义。

9.1　$\mathcal{L}_\lambda$ 语言

$\mathcal{L}_\lambda$ 语言是一种具有匿名函数和词法作用域的语言，其具体语法和抽象语法的定义如图 9.3 和图 9.4 所示。由于将 lambda 式添加到 $\mathcal{L}_{Fun}$ 语言的语法中，$\mathcal{L}_{Fun}$ 语言已经具有用于函数应用程序的语法。该语法还包括一个赋值语句，其中包含左侧变量的类型注释，这有助于本节稍后讨论的 lambda 表达式的类型检查。arity 操作返回

一个给定函数的形参的个数，这是在第 10 章讨论动态类型转换时所需要的操作。在 Python 中没有 arity 操作，但是以更复杂的形式提供相同的功能。我们在 $\mathcal{L}_\lambda$ 源语言中包含了 arity 以支持测试。

```
exp    ::= int | input_int() | -exp | exp+exp | exp-exp | (exp)
stmt   ::= print(exp) | exp
exp    ::= var
stmt   ::= var = exp
cmp    ::= == | != | < | <= | > | >=
exp    ::= True | False | exp and exp | exp or exp | not exp
       |   exp cmp exp | exp if exp else exp
stmt   ::= if exp: stmt⁺ else: stmt⁺
stmt   ::= while exp: stmt⁺
cmp    ::= is
exp    ::= exp, ... , exp | exp[int] | len(exp)
type   ::= int | bool | void | tuple[type⁺] | Callable[[type, ...], type]
exp    ::= exp(exp, ...)
stmt   ::= return exp
def    ::= def var(var:type, ...) -> type: stmt⁺
exp    ::= lambda var, ... : exp | arity(exp)
stmt   ::= var : type = exp
𝓛_Fun  ::= def ... stmt ...
```

图 9.3 $\mathcal{L}_\lambda$ 语言的具体语法，用 lambda 表达式扩展 $\mathcal{L}_{\text{Fun}}$ 语言（图 8.1）

```
exp    ::= Constant(int) | Call(Name('input_int'),[])
       |   UnaryOp(USub(),exp) | BinOp(exp,Add(),exp)
       |   BinOp(exp,Sub(),exp)
stmt   ::= Expr(Call(Name('print'),[exp])) | Expr(exp)
exp    ::= Name(var)
stmt   ::= Assign([Name(var)], exp)
boolop ::= And() | Or()
cmp    ::= Eq() | NotEq() | Lt() | LtE() | Gt() | GtE()
bool   ::= True | False
exp    ::= Constant(bool) | BoolOp(boolop,[exp,exp])
       |   UnaryOp(Not(),exp) | Compare(exp,[cmp],[exp])
       |   IfExp(exp,exp,exp)
stmt   ::= If(exp, stmt⁺, stmt⁺)
stmt   ::= While(exp, stmt⁺, [])
cmp    ::= Is()
exp    ::= Tuple(exp⁺,Load()) | Subscript(exp,Constant(int),Load())
       |   Call(Name('len'),[exp])
type   ::= IntType() | BoolType() | VoidType() | TupleType[type⁺]
       |   FunctionType(type*, type)
exp    ::= Call(exp, exp*)
stmt   ::= Return(exp)
params ::= (var,type)*
def    ::= FunctionDef(var, params, stmt⁺, None, type, None)
exp    ::= Lambda(var*, exp) | Call(Name('arity'), [exp])
stmt   ::= AnnAssign(var, type, exp, 0)
𝓛_λ    ::= Module([def ... stmt ...])
```

图 9.4 $\mathcal{L}_\lambda$ 语言的抽象语法，它扩展了 $\mathcal{L}_{\text{Fun}}$ 语言（图 8.2）

图 9.5 显示了 $\mathcal{L}_\lambda$ 语言的定义性解释器。Lambda 情形的处理是将当前环境保存在返回的函数值中。回想一下，在函数应用过程中，存储在函数值中的环境，已通过形参到实参值的映射进行了扩展，被用于解释函数体。

```
class InterpLlambda(InterpLfun):
  def arity(self, v):
    match v:
      case Function(name, params, body, env):
        return len(params)
      case _:
        raise Exception('Llambda arity unexpected ' + repr(v))

  def interp_exp(self, e, env):
    match e:
      case Call(Name('arity'), [fun]):
        f = self.interp_exp(fun, env)
        return self.arity(f)
      case Lambda(params, body):
        return Function('lambda', params, [Return(body)], env)
      case _:
        return super().interp_exp(e, env)

  def interp stmt(self, s, env, cont):
    match s:
      case AnnAssign(lhs, typ, value, simple):
        env[lhs.id] = self.interp_exp(value, env)
        return self.interp_stmts(cont, env)
      case Pass():
        return self.interp_stmts(cont, env)
      case _:
        return super().interp_stmt(s, env, cont)
```

图 9.5　$\mathcal{L}_\lambda$ 语言解释器

图 9.6 和图 9.7 定义了 $\mathcal{L}_\lambda$ 语言的类型检查器，这比人们想象的要复杂得多。复杂性增加的原因是 lambda 的语法不包括参数或返回类型的类型注释。相反，它们必须被编译程序推断出来。有许多类型推断的方法可供选择，它们的复杂程度各不相同。我们选择了一种简单的方法——双向类型推断（Pierce and Turner 2000；Dunfield and Krishnaswami 2021），因为这本书的重点是编译，而不是类型推断。

```
class TypeCheckLlambda(TypeCheckLfun):
  def type_check_exp(self, e, env):
    match e:
      case Name(id):
        e.has_type = env[id]
        return env[id]
      case Lambda(params, body):
        raise Exception('cannot synthesize a type for a lambda')
```

图 9.6　$\mathcal{L}_\lambda$ 语言中 λ 式的类型检查，第 1 部分

```
          case Call(Name('arity'), [func]):
            func_t = self.type_check_exp(func, env)
            match func_t:
              case FunctionType(params_t, return_t):
                return IntType()
              case _:
                raise Exception('in arity, unexpected ' + repr(func_t))
          case _:
            return super().type_check_exp(e, env)
    def check_exp(self, e, ty, env):
      match e:
        case Lambda(params, body):
          e.has_type = ty
          match ty:
            case FunctionType(params_t, return_t):
              new_env = env.copy().update(zip(params, params_t))
              self.check_exp(body, return_t, new_env)
            case _:
              raise Exception('lambda does not have type ' + str(ty))
        case Call(func, args):
          func_t = self.type_check_exp(func, env)
          match func_t:
            case FunctionType(params_t, return_t):
              for (arg, param_t) in zip(args, params_t):
                self.check_exp(arg, param_t, env)
              self.check_type_equal(return_t, ty, e)
            case _:
              raise Exception('type_check_exp: in call, unexpected ' + \
                              repr(func_t))
        case _:
          t = self.type_check_exp(e, env)
          self.check_type_equal(t, ty, e)
```

图 9.6 $\mathcal{L}_\lambda$ 语言中 λ 式的类型检查，第 1 部分（续）

```
def check_stmts(self, ss, return_ty, env):
  if len(ss) == 0:
    return
  match ss[0]:
    case FunctionDef(name, params, body, dl, returns, comment):
      new_env = env.copy().update(params)
      rt = self.check_stmts(body, returns, new_env)
      self.check_stmts(ss[1:], return_ty, env)
    case Return(value):
      self.check_exp(value, return_ty, env)
    case Assign([Name(id)], value):
      if id in env:
        self.check_exp(value, env[id], env)
      else:
        env[id] = self.type_check_exp(value, env)
      self.check_stmts(ss[1:], return_ty, env)
    case Assign([Subscript(tup, Constant(index), Store())], value):
      tup_t = self.type_check_exp(tup, env)
      match tup_t:
        case TupleType(ts):
          self.check_exp(value, ts[index], env)
        case _:
```

图 9.7 $\mathcal{L}_\lambda$ 语言中 λ 式的类型检查，第 2 部分

```
            raise Exception('expected a tuple, not ' + repr(tup_t))
        self.check_stmts(ss[1:], return_ty, env)
    case AnnAssign(Name(id), ty_annot, value, simple):
        ss[0].annotation = ty_annot
        if id in env:
            self.check_type_equal(env[id], ty_annot)
        else:
            env[id] = ty_annot
        self.check_exp(value, ty_annot, env)
        self.check_stmts(ss[1:], return_ty, env)
    case _:
        self.type_check_stmts(ss, env)

def type_check(self, p):
    match p:
        case Module(body):
            env = {}
            for s in body:
                match s:
                    case FunctionDef(name, params, bod, dl, returns, comment):
                        params_t = [t for (x,t) in params]
                        env[name] = FunctionType(params_t, returns)
            self.check_stmts(body, int, env)
```

图 9.7 $\mathcal{L}_\lambda$ 语言中 λ 式的类型检查，第 2 部分（续）

双向类型推断的主要思想是添加一个辅助函数（这里将其命名为 check_exp），该函数接受预期的类型，并检查给定表达式是否属于该类型。因此，在 check_exp 中，类型信息相对于 AST 以自上而下的方式流动，而在常规的 type_check_exp 函数中，类型信息主要以自下而上的方式流动。然后，我们的想法是在已经知道表达式应该是什么类型的所有地方使用 check_exp，例如在顶层函数定义的 return 语句中，或者在带注释的赋值语句的右侧。

关于 lambda 式，在 check_exp 函数中检查 lambda 是很简单的，因为预期的类型提供了参数类型和返回类型。另一方面，在 type_check_exp 函数中，我们不允许使用 lambda 式，这意味着我们不允许在不知道其类型的上下文中使用 lambda 式。此限制不会导致 $\mathcal{L}_\lambda$ 语言的表达性损失，因为可以直接修改程序以避开该限制，例如，通过使用带注释的赋值语句将 lambda 赋值给临时变量。

注意，对于 Name 和 Lambda 的 AST 节点，类型检查器会将它们的类型记录在 has_type 字段中。此类型信息将在本章的后面使用。

9.2 赋值和词法作用域函数

词法作用域函数和变量赋值的结合对用扁平闭包方法实现词法作用域函数提出了挑战。考虑下面的示例，其中函数 f 有一个自由变量 x，该变量在创建 f 之后，但在调用 f 之前被更改。

```
def g(z : int) -> int:
  x = 0
  y = 0
  f : Callable[[int],int] = lambda a: a + x + z
  x = 10
  y = 12
  return f(y)

print(g(20))
```

本例的正确输出是 42，因为调用 f 需要使用 x 的当前值（即 10）。不幸的是，闭包转换编译遍（9.5 节）为 lambda 式生成代码，将 x 的旧值复制到闭包中。因此，如果我们简单地应用闭包转换，这个程序的输出将是 32。

解决这个问题的第一个尝试是在闭包中保存一个指向 x 的指针，并更改 lambda 式中 x 的出现次数，以解引用该指针。当然，这需要将 x 赋值给栈而不是寄存器。然而，问题还不止于此。考虑下面的例子，它返回一个函数，该函数引用了封闭函数的局部变量：

```
def f():
  x = 0
  g = lambda: x
  x = 42
  return g

print(f()())
```

在这个例子中，x 的生命周期超出了调用 f 的生命周期。因此，如果我们在调用 f 时将 x 存储在栈帧上，那么在调用 g 时它就会消失，留下指向 x 的悬空指针。这个例子表明，当变量在函数中自由出现时，它的生命周期就变得不确定。因此，变量的值需要驻留在堆上。动词装箱通常用于在堆上分配单个值，生成指针，而开箱用于对指针解引用。我们引入一个名为 convert_assignments 的新编译遍来解决这个问题。但在深入探究之前，我们还有一个问题要讨论。

9.3 唯一化变量

随着 lambda 的加入，我们有一个复杂的问题要处理：名称遮蔽。考虑下面的程序，函数 f 有一个参数 x。在函数 f 中有两个 lambda 表达式。第一个 lambda 的参数也命名为 x。

```
def f(x:int, y:int) -> Callable[[int], int]:
  g : Callable[[int],int] = (lambda x: x + y)
  h : Callable[[int],int] = (lambda y: x + y)
  x = input_int()
  return g

print(f(0, 10)(32))
```

我们的许多编译遍依赖于能够仅使用变量名将变量使用与其定义连接起来。然而，在上面的例子中，变量的名称并不能唯一地决定它的定义。为了解决这个问题，我们建议实现一个名为 uniquify 的编译遍，它重命名程序中的每个变量，以确保它们都是唯一的。

下面显示了上方的示例中 uniquify 编译遍的结果。函数 f 的 x 参数被重命名为 x_0，第一个 lambda 的 x 参数被重命名为 x_4。

```
def f(x_0:int, y_1:int) -> Callable[[int], int] :
  g_2 : Callable[[int], int] = (lambda x_4: x_4 + y_1)
  h_3 : Callable[[int], int] = (lambda y_5: x_0 + y_5)
  x_0 = input_int()
  return g_2

def main() -> int :
  print(f(0, 10)(32))
  return 0
```

9.4 赋值转换

convert_assignments 编译遍的目的是解决变量赋值和闭包转换之间的交互问题。首先，我们确定哪些变量需要装箱，然后对程序进行转换，使其装箱。一般来说，装箱会带来我们希望避免的运行时开销，因此我们应该尽可能少地装箱变量。我们建议将变量装箱在以下两组变量的交集处：

- lambda 中的自由变量。
- 出现在赋值操作左侧的变量。

第一个条件是必需的，但第二个条件是保守的。使用静态程序分析可以开发出一个更宽松的条件。

我们再来考虑前面 9.2 节的第一个例子：

```
def g(z : int) -> int:
  x = 0
  y = 0
  f : Callable[[int],int] = lambda a: a + x + z
  x = 10
  y = 12
```

```
    return f(y)
  print(g(20))
```

变量 x 和 y 出现在赋值语句的左边。变量 x 和 z 在 lambda 函数中自由出现。因此，变量 x 需要装箱，而不是 y 或 z。x 的装箱由三个转换组成：用元素未初始化的元组初始化 x，用元组的读取替换对变量 x 的读取，并用元组的写入替换对 x 的每次赋值。本例中 convert_assignments 编译遍的输出如下：

```
def g(z : int)-> int:
  x = (uninitialized(int),)
  x[0] = 0
  y = 0
  f : Callable[[int], int] = (lambda a: a + x[0] + z)
  x[0] = 10
  y = 12
  return f(y)
def main() -> int:
  print(g(20))
  return 0
```

为了计算所有 lambda 表达式中的自由变量，我们建议定义以下两个辅助函数：

- 函数 free_variables 计算表达式的自由变量。
- 函数 free_in_lambda 收集任何 lambda 表达式中的所有自由变量，对每个 lambda 式的实例使用函数 free_variables。

为了计算被赋值的变量，我们建议定义一个名为 assigned_vars_stmt 的辅助函数，该函数返回赋值语句左侧的变量集，否则返回空集。

设 AF 为 lambda 中自由变量集与封闭函数定义中赋值变量集的交集。

接下来讨论 convert_assignments 编译遍。对于 Name(x)，如果 x 在 AF 中，则通过将 Name(x) 转换为元组读取来打开它。

Name(x)
$\Rightarrow$
Subscript(Name(x), Constant(0), Load())

在赋值的情况下，递归地处理右边的 rhs 以获得 rhs'。如果左边的 x 在 AF 中，将赋值转换为元组，如下所示：

Assign([Name(x)], rhs)
$\Rightarrow$
Assign([Subscript(Name(x), Constant(0), Store())], rhs')

要转换函数定义，我们首先计算 *AF*，即 lambda 式中自由变量和赋值变量的交集。然后对函数定义体应用赋值转换。最后，我们将这个函数定义的 *AF* 中的参数进行装箱。例如，下面的函数 g 的参数 x 需要进行装箱：

```
def g(x : int) -> int:
  f : Callable[[int],int] = lambda a: a + x
  x = 10
  return f(32)
```

我们通过创建一个名为 x 的局部变量来对参数 x 装箱，该变量初始化为一个元组，其内容是参数的值，该值被重命名为 x_0。

```
def g(x_0 : int)-> int:
  x = (x_0,)
  f : Callable[[int], int] = (lambda a: a + x[0])
  x[0] = 10
  return f(32)
```

9.5 闭包转换

将词法作用域的函数编译为顶层函数定义和扁平闭包是在 `convert_to_closures` 编译遍中完成的，该遍位于 `reveal_functions` 遍之后，`limit_functions` 遍之前。

像往常一样，我们将这遍作为 AST 上的递归函数来实现。有趣的情况是 lambda 式和函数应用程序处理。将 lambda 式转换为创建闭包的表达式，即创建一个元组，其中第一个元素是函数指针，其余元素是 lambda 的自由变量的值。但是，我们使用 Closure 的 AST 节点而不是使用元组，这样我们就可以记录数组的度。在下面生成的代码中，*fvs* 是 lambda 的自由变量列表，*name* 是为标识 lambda 而生成的唯一符号。

$\text{Lambda}([x_1, \ldots, x_n], \textit{body})$
$\Rightarrow$
$\text{Closure}(n, [\text{FunRef}(\textit{name}, n), \textit{fvs}_1, \ldots, \textit{fvs}_m])$

除了将每个 Lambda 的 AST 节点转换为元组之外，我们还为每个 Lambda 创建了一个顶层函数定义，如下所示：

$\text{def } \textit{name}(\textit{clos} : \textit{closTy}, x_1 : T'_1, \ldots, x_n : T'_n) \to \textit{rt'}:$
  $\textit{fvs}_1 = \textit{clos}[1]$
  $\ldots$
  $\textit{fvs}_m = \textit{clos}[m]$
  $\textit{body}'$

其中 clos 形参指向闭包。*closTy* 类型是一个元组类型，其第一个元素类型是 Bottom()，其余元素类型是 lambda 中自由变量的类型。我们使用 Bottom() 是因为在闭包的类型⊖中给函数指定类型是不平常的。Lambda 的 AST 节点的 has_type 字段的形式为 FunctionType($[x_1: T_1, \cdots, x_n: T_n]$, *rt*)。翻译参数的类型为 $T_1, \cdots, T_n$，返回类型为 *rt*，得到 $T_1', \cdots, T_n'$ 和 *rt*'。自由变量变成为局部变量，并需在闭包中使用它们的值进行初始化。

闭包转换将每个函数都转换为元组，因此程序中的类型注释也必须转换。我们建议为此定义一个辅助的递归函数。函数类型应翻译如下：

```
FunctionType([T₁, …, Tₙ], Tᵣ)
⇒
TupleType([FunctionType([TupleType([]), T₁', …, Tₙ'], Tᵣ')])
```

这一类型表明元组中的第一个元素是一个函数。该函数的第一个参数是一个元组（闭包），其余参数是原始函数中的参数，类型为 $T_1', \cdots, T_n'$。闭包的类型省略了自由变量的类型，因为这些类型在此上下文中得不到，我们在为函数应用程序生成的代码中也不需要它们。因此，这一类型仅描述闭包元组的第一个组件。在运行时，元组可能有更多的组件，但这里忽略了它们。

我们将函数应用程序转换为代码，从闭包中检索函数，然后调用函数，将闭包作为第一个参数传递。我们将 *e*′ 放在一个临时变量中以避免代码重复。

```
Call(e, [e₁, …, eₙ])
⇒
Begin([Assign([tmp], e')],
      Call(Subscript(Name(tmp), Constant(0)),
           [tmp, e₁', …, eₙ']))
```

还有一个问题是如何处理对顶级函数定义的引用。为了保持函数应用程序的翻译统一，我们将函数引用也转换为闭包。

```
FunRef(f, n)    ⇒    Closure(n, [FunRef(f n)])
```

我们不再需要带注释的赋值语句 AnnAssign 来支持 lambda 表达式的类型检查，因此我们将其转换为常规的 Assign 语句。

需要更新顶层函数定义以接受一个额外的闭包参数，但该参数在那些函数体中会被忽略。

⊖ 为了提供准确的闭包类型，我们需要在类型检查器中添加存在类型（Minamide, Morrisett, and Harper 1996）。

图 9.8 显示了用于演示本章开头讨论的词法作用域的示例程序的 `reveal_functions` 和 `convert_to_closures` 两个编译遍的结果。

```
def f(x: int) -> Callable[[int],int]:
  y = 4
  return lambda z: x + y + z

g = f(5)
h = f(3)
print(g(11) + h(15))

⇒

def lambda_0(fvs_1: tuple[bot,int,tuple[int]], z: int) -> int:
  x = fvs_1[1]
  y = fvs_1[2]
  return (x + y[0] + z)

def f(fvs_2: tuple[bot], x: int) -> tuple[Callable[[tuple[],int],int]]:
  y = (uninitialized(int),)
  y[0] = 4
  return closure{1}({lambda_0}, x, y)

def main() -> int:
  g = (begin: clos_3 = closure{1}({f})
              clos_3[0](clos_3, 5))
  h = (begin: clos_4 = closure{1}({f})
              clos_4[0](clos_4, 3))
  print((begin: clos_5 = g
                clos_5[0](clos_5, 11))
      + (begin: clos_6 = h
                clos_6[0](clos_6, 15)))
  return 0
```

图 9.8 闭包转换示例

习题 9.1 如本章所述，扩展你的编译器来处理 $\mathcal{L}_\lambda$ 语言。创建五个使用 `lambda` 函数并使用词法作用域的新程序。在这些新程序和所有之前创建的测试程序上测试编译器。

9.6 显露分配

将闭包 Closure(*arity*, *exp**) 形式编译成分配元组和初始化元组的代码，类似于 7.3 节中元组创建的翻译。两者主要的区别在于，使用 AllocateClosure (*len*, *type*, *arity*) 来替代 Allocate(*len*, *type*)。Closure (*arity*, *exp**) 转换的结果类型应该是元组类型，但只能是单元素元组类型。与闭包的自由变量相对应的元组元素的类型不应该出现在元组的类型中。新的 AST 类 UncheckedCast 可适用于调整结果类型。

9.7 详细控制和 $\mathcal{C}_{\text{Clos}}$

explicate_control 编译遍的输出语言是 $\mathcal{C}_{\text{Clos}}$，其抽象语法的定义如图 9.9 所示。与 $\mathcal{C}_{\text{Fun}}$ 语言的不同之处在于在 *exp* 的语法中增加了 Uninitialized、AllocateClosure 和 arity。在 explicate_control 编译遍对它们的处理类似于对其他表达式（如原始操作符）的处理。

```
atm     ::=  Constant(int) | Name(var) | Constant(bool)
exp     ::=  atm | Call(Name('input_int'),[]) | UnaryOp(USub(),atm)
         |   BinOp(atm,Sub(),atm) | BinOp(atm,Add(),atm)
         |   Compare(atm,[cmp],[atm])
stmt    ::=  Expr(Call(Name('print'),[atm])) | Expr(exp)
         |   Assign([Name(var)], exp)
tail    ::=  Return(exp) | Goto(label)
         |   If(Compare(atm,[cmp],[atm]), [Goto(label)], [Goto(label)])
atm     ::=  GlobalValue(var)
exp     ::=  Subscript(atm,atm,Load()) | Allocate(int,type)
         |   Call(Name('len'),[atm])
stmt    ::=  Collect(int) | Assign([Subscript(atm,atm,Store())], atm)
exp     ::=  FunRef(label, int) | Call(atm, atm*)
tail    ::=  TailCall(atm, atm*)
params  ::=  [(var,type),...]
block   ::=  label: stmt* tail
def     ::=  FunctionDef(label, params, {block,...}, None, type, None)
exp     ::=  Uninitialized(type) | AllocateClosure(len,type,arity)
         |   Call(Name('arity'), [atm]) | UncheckedCast(exp,type)
𝒞_Clos  ::=  CProgramDefs([def,...])
```

图 9.9 $\mathcal{C}_{\text{Clos}}$ 语言的抽象语法，它扩展了 $\mathcal{C}_{\text{Fun}}$ 语言（图 8.8）

9.8 选择指令

编译 AllocateClosure (*len, type, arity*) 的方式几乎与编译 Allocate (*len, type*) 的方式相同（7.6 节）。唯一的区别是，应该将 *arity* 值放置到标记中元组的位置 0 处。回想一下，在 7.6 节中没有使用 64 位标记的一部分，我们将它存储在位置 58 开始的 5 个位上。

编译对 *arity* 运算符的调用，将其编译为一个指令序列，该指令序列从元组的位置 0（表示闭包）访问标记，并从标记的位置 58 开始提取 5 位。

图 9.10 给出了编译 $\mathcal{L}_\lambda$ 语言所需的各编译遍。

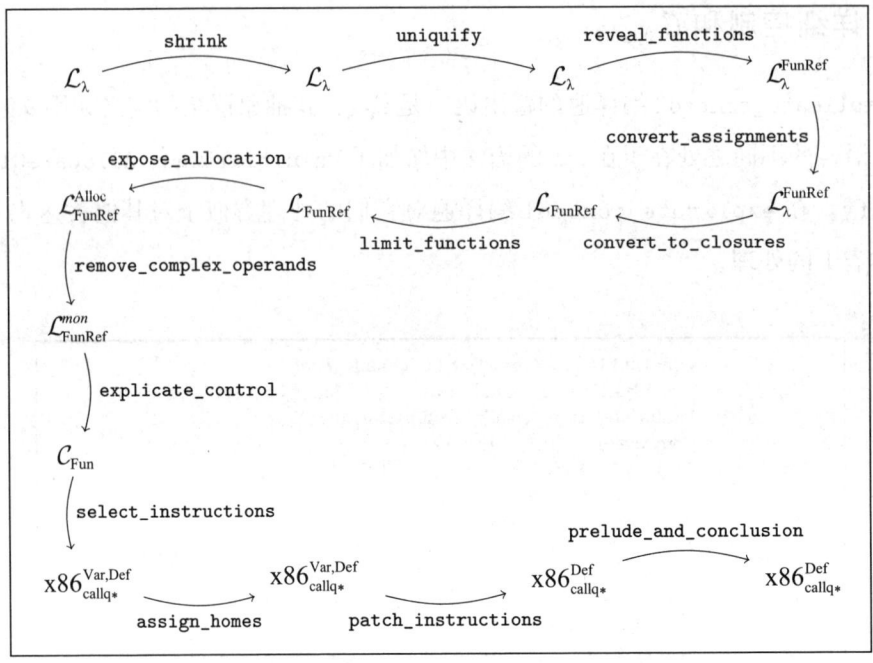

图 9.10 具有词法作用域函数的 $\mathcal{L}_\lambda$ 语言的各编译遍

9.9 挑战：优化闭包

在本章中，我们将词法作用域函数编译成一种相对有效的表示形式：扁平闭包。然而，即使是这种表示也会带来一些开销。例如，考虑下面关于函数 `tail_sum` 的程序，函数 `tail_sum` 没有任何自由变量，所有使用 `tail_sum` 的应用程序中，我们知道只应用了 `tail_sum`（而不是任何其他函数）。

```
def tail_sum(n : int, s : int) -> int:
    if n == 0:
        return s
    else:
        return tail_sum(n - 1, n + s)

print(tail_sum(3, 0) + 36)
```

如本章所述，我们统一地对所有函数应用闭包转换，得到程序的如下输出：

```
def tail_sum(fvs_3:bot,n_0:int,s_1:int) -> int :
  if n_0 == 0:
    return s_1
  else:
    return (begin: clos_2 = (tail_sum,)
              clos_2[0](clos_2, n_0 - 1, n_0 + s_1))

def main() -> int :
```

```
    print((begin: clos_4 = (tail_sum,)
           clos_4[0](clos_4, 3, 0)) + 36)
    return 0
```

如果这个程序是根据前一章编译的，那就不会有分配，对 tail_sum 的调用将是直接调用。相反，这里给出的程序为每个闭包分配内存，并且对 tail_sum 的调用是间接的。在这样的程序中，分配和间接调用发生在紧密循环中，这两个差异会导致相当大的开销。

有人可能会认为这个问题很容易解决：难道我们不能识别 Call(FunRef(f, n), args) 形式的调用，并将它们编译为直接调用，而不是将其视为对闭包的调用吗？我们还将删除 tail_sum 的新参数 fvs。然而，这个问题并不是那么简单，因为全局函数可能会逃逸出去并陷入同样涉及闭包的应用程序中。考虑下面的例子，其中应用程序 f(41) 需要被编译成闭包应用程序，因为 lambda 式可能会流入 f，但 inc 函数也可能流入 f：

```
def add1(x : int) -> int:
  return x + 1

y = input_int()
g : Callable[[int], int] = lambda x: x - y
f = add1 if input_int() == 0 else g
print(f(41))
```

如果全局函数名以任意方式使用，而不是作为直接调用中的操作符，那么我们说该函数进行逃逸。如果全局函数没有逃逸，则不需要对该函数执行闭包转换。

习题 9.2 实现一个辅助函数，用于检测哪些全局函数逃逸。使用该函数，实现闭包转换的改进版本，该版本不对不逃逸的全局函数应用闭包转换，而是将其编译为常规函数。创建几个新的测试用例，检查编译器是否正确检测全局函数是否逃逸。

到目前为止，我们已经减少了调用全局函数的开销，但是当我们可以在编译时确定将调用哪个 lambda 时，减少调用 lambda 的开销也会很好。我们把这样的调用称为已知调用。考虑下面的例子，其中 lambda 被绑定到函数 f，然后应用。

```
y = input_int()
f : Callable[[int],int] = lambda x: x + y
print(f(21))
```

闭包转换将应用程序 f(21) 编译为间接调用，如下所示：

```
def lambda_3(fvs_4:tuple[bot,tuple[int]], x_2:int) -> int:
  y_1 = fvs_4[1]
  return x_2 + y_1[0]
```

```
def main() -> int:
    y_1 = (777,)
    y_1[0] = input_int()
    f_0 = (lambda_3, y_1)
    print((let clos_5 = f_0 in clos_5[0](clos_5, 21)))
    return 0
```

但是，我们可以将应用程序 `f(21)` 编译为直接调用，如下所示：

```
def main() -> int:
    y_1 = (777,)
    y_1[0] = input_int()
    f_0 = (lambda_3, y_1)
    print(lambda_3(f_0, 21))
    return 0
```

确定将从特定应用程序调用哪个 `lambda` 函数的问题通常是相当具有挑战性的，也是大量研究的主题（Shivers 1988；Gilray et al. 2016）。对于下面的习题，我们建议当操作符是一个变量并且之前对变量的赋值是闭包时，将应用程序编译为一个直接调用。这可以通过维护一个将变量映射到函数名的环境来实现。每当在赋值操作的右侧遇到闭包时，扩展环境，将变量映射到闭包的全局函数的名称。该编译遍应该在闭包转换之后进行。

习题 9.3 实现一个名为 `optimize_known_calls` 的编译遍，将已知调用编译为直接调用。在几个示例程序上验证编译器在这方面是否成功。

这些习题只涉及闭包优化的表面。对于感兴趣的读者来说，下一步可以看看 Keep、Hearn 和 Dybvig（2012）的工作。

9.10 进一步阅读

词法作用域函数的概念比现代计算机早了大约十年。这些概念是 Church（1932）发明的，他提出了 `lambda` 演算作为逻辑的基础。匿名函数包含在 LISP（McCarthy 1960）编程语言中，但最初是动态作用域的。LISP 的变体 Scheme 语言采用了词法作用域，Steele（1978）演示了如何有效地编译 Scheme 程序。然而，环境被表示为链表，因此变量查找的时间复杂度与环境的大小呈线性关系。Appel（1991）给出了几种闭包表示的详细描述。在本章中，我们使用扁平闭包来表示环境，扁平闭包是由 Cardelli（1983, 1984）发明的，用于编译 ML 语言（Gordon et al. 1978；Milner, Tofte and Harper 1990）。对于扁平闭包，变量查找的时间是常数，但创建闭包的时间与它的自由变量的数量成正比。扁平闭包是由 Dybvig（1987b）在他的博士论文中重新发明的，并用于 Chez Scheme 版本 1（Dybvig 2006）。

第 10 章

Essentials of Compilation: An Incremental Approach in Python

动态类型

本章将学习如何编译 $\mathcal{L}_{\text{Dyn}}$，这是一种动态类型语言，是 Python 的一个子集。对动态类型语言的关注点与前几章研究的静态类型语言的编译截然不同。在动态类型语言（如 $\mathcal{L}_{\text{Dyn}}$）中，特定表达式每次执行时都可能产生不同类型的值。参考下面的示例，其中的条件 if 表达式可以根据程序的输入返回布尔值或整数：

```
not (False if input_int() == 1 else 0)
```

允许表达式产生不同类型的值的语言称为多态（polymorphic），这是一个由希腊词根 poly（意思是很多）和 morph（意思是形式）组成的词。编程语言中有多种多态性，例如子类型多态性和参数多态性（又称泛型）(Cardelli and Wegner 1985)。本章研究的多态性类型没有特殊的名称；它是在动态类型语言中出现的类型。

动态类型语言的另一个特征是，它们的基本操作（如 not）通常被定义为对许多不同类型的值进行操作。事实上，在 Python 中，not 运算符为任何类型的值都生成一个结果：如果是 False，则返回 True，如果是其他内容，则返回 False。

此外，即使基本操作将其输入限制为特定类型的值，也会在运行时而不是在编译期间强制执行这种限制。例如，元组读取操作 True[0] 会导致运行时错误，因为第一个参数必须是元组，而不能是布尔值。

10.1 $\mathcal{L}_{\text{Dyn}}$ 语言

$\mathcal{L}_{\text{Dyn}}$ 语言的具体语法和抽象语法的定义如图 10.1 和图 10.2 所示。没有 $\mathcal{L}_{\text{Dyn}}$ 类型检查器，因为它仅在运行时检查类型。

```
cmp  ::= == | != | < | <= | > | >= | is
exp  ::= int | input_int() | -exp | exp + exp | exp - exp | (exp)
       | var | True | False | exp and exp | exp or exp | not exp
       | exp cmp exp | exp if exp else exp
```

图 10.1 $\mathcal{L}_{\text{Dyn}}$ 语言的具体语法，一种无类型语言（Python 的子集）

```
         |   exp, ... ,exp | exp[exp] | len(exp)
         |   exp(exp, ... ) | lambda var, ... : exp
stmt ::= print(exp) | exp | var = exp
         |   if exp: stmt⁺ else: stmt⁺ | while exp: stmt⁺
         |   return exp
def  ::= def var(var, ... ): stmt⁺
ℒ_Dyn ::= def ... stmt ...
```

图 10.1　$\mathcal{L}_{\text{Dyn}}$ 语言的具体语法，一种无类型语言（Python 的子集）（续）

```
boolop  ::= And() | Or()
cmp     ::= Eq() | NotEq() | Lt() | LtE() | Gt() | GtE() | Is()
bool    ::= True | False
exp     ::= Constant(int) | Call(Name('input_int'),[])
         |  UnaryOp(USub(),exp)
         |  BinOp(exp,Add(),exp) | BinOp(exp,Sub(),exp)
         |  Name(var) | Constant(bool) | BoolOp(boolop,[exp,exp])
         |  Compare(exp,[cmp],[exp]) | IfExp(exp,exp,exp)
         |  Tuple(exp⁺,Load()) | Subscript(exp,exp,Load())
         |  Call(Name('len'),[exp])
         |  Call(exp, exp*) | Lambda(var*, exp)
stmt    ::= Expr(Call(Name('print'),[exp])) | Expr(exp)
         |  Assign([Name(var)], exp)
         |  If(exp, stmt⁺, stmt⁺) | While(exp, stmt⁺, [])
         |  Return(exp)
params  ::= (var,AnyType())*
def     ::= FunctionDef(var, params, stmt⁺, None, AnyType(), None)
ℒ_Dyn   ::= Module([def ... stmt ... ])
```

图 10.2　$\mathcal{L}_{\text{Dyn}}$ 语言的抽象语法

$\mathcal{L}_{\text{Dyn}}$ 语言的解释器的定义如图 10.3 和图 10.4 所示，其辅助函数的定义如图 10.5 所示。考虑 Constant(n) 的匹配情况。$\mathcal{L}_{\text{Dyn}}$ 语言的解释器不是简单地返回整数 n（如图 2.4 中的 $\mathcal{L}_{\text{Var}}$ 语言的解释器那样），而是创建一个标记值，该标记值将基础值与标识其类型的标记相结合。我们定义以下类来表示标记值：

```
@dataclass(eq=True)
class Tagged(Value):
  value : Value
  tag : str
  def __str__(self):
    return str(self.value)
```

标记为 'int'、'bool'、'none'、'tuple' 和 'function'。标记与类型密切相关，但并不总是捕获类型所做的所有信息。例如，TupleType([AnyType(), AnyType()]) 类型的元组用 'tuple' 标记，FunctionType([AnyType(), AnyType()], AnyType()) 类型的函数用 'function' 标记。

```python
class InterpLdyn(InterpLlambda):
  def interp_exp(self, e, env):
    match e:
      case Constant(n):
        return self.tag(super().interp_exp(e, env))
      case Tuple(es, Load()):
        return self.tag(super().interp_exp(e, env))
      case Lambda(params, body):
        return self.tag(super().interp_exp(e, env))
      case Call(Name('input_int'), []):
        return self.tag(super().interp_exp(e, env))
      case BinOp(left, Add(), right):
        l = self.interp_exp(left, env); r = self.interp_exp(right, env)
        return self.tag(self.untag(l, 'int', e) + self.untag(r, 'int', e))
      case BinOp(left, Sub(), right):
        l = self.interp_exp(left, env); r = self.interp_exp(right, env)
        return self.tag(self.untag(l, 'int', e) - self.untag(r, 'int', e))
      case UnaryOp(USub(), e1):
        v = self.interp_exp(e1, env)
        return self.tag(- self.untag(v, 'int', e))
      case IfExp(test, body, orelse):
        v = self.interp_exp(test, env)
        if self.untag(v, 'bool', e):
          return self.interp_exp(body, env)
        else:
          return self.interp_exp(orelse, env)
      case UnaryOp(Not(), e1):
        v = self.interp_exp(e1, env)
        return self.tag(not self.untag(v, 'bool', e))
      case BoolOp(And(), values):
        left = values[0]; right = values[1]
        l = self.interp_exp(left, env)
        if self.untag(l, 'bool', e):
          return self.interp_exp(right, env)
        else:
          return self.tag(False)
      case BoolOp(Or(), values):
        left = values[0]; right = values[1]
        l = self.interp_exp(left, env)
        if self.untag(l, 'bool', e):
          return self.tag(True)
        else:
          return self.interp_exp(right, env)
```

图 10.3 $\mathcal{L}_{\text{Dyn}}$ 语言的解释器，第 1 部分

```python
# interp_exp continued
    case Compare(left, [cmp], [right]):
      l = self.interp_exp(left, env)
      r = self.interp_exp(right, env)
      if l.tag == r.tag:
        return self.tag(self.interp_cmp(cmp)(l.value, r.value))
      else:
        raise Exception('interp Compare unexpected '
                        + repr(l) + ' ' + repr(r))
    case Subscript(tup, index, Load()):
      t = self.interp_exp(tup, env)
      n = self.interp_exp(index, env)
      return self.untag(t, 'tuple', e)[self.untag(n, 'int', e)]
    case Call(Name('len'), [tup]):
      t = self.interp_exp(tup, env)
      return self.tag(len(self.untag(t, 'tuple', e)))
    case _:
      return self.tag(super().interp_exp(e, env))
```

图 10.4 $\mathcal{L}_{\text{Dyn}}$ 语言的解释器，第 2 部分

```python
def interp_stmt(self, s, env, cont):
  match s:
    case If(test, body, orelse):
      v = self.interp_exp(test, env)
      match self.untag(v, 'bool', s):
        case True:
          return self.interp_stmts(body + cont, env)
        case False:
          return self.interp_stmts(orelse + cont, env)
    case While(test, body, []):
      v = self.interp_exp(test, env)
      if self.untag(v, 'bool', test):
        self.interp_stmts(body + [s] + cont, env)
      else:
        return self.interp_stmts(cont, env)
    case Assign([Subscript(tup, index)], value):
      tup = self.interp_exp(tup, env)
      index = self.interp_exp(index, env)
      tup_v = self.untag(tup, 'tuple', s)
      index_v = self.untag(index, 'int', s)
      tup_v[index_v] = self.interp_exp(value, env)
      return self.interp_stmts(cont, env)
    case FunctionDef(name, params, bod, dl, returns, comment):
      if isinstance(params, ast.arguments):
        ps = [p.arg for p in params.args]
      else:
        ps = [x for (x,t) in params]
      env[name] = self.tag(Function(name, ps, bod, env))
      return self.interp_stmts(cont, env)
    case _:
      return super().interp_stmt(s, env, cont)
```

图 10.4 $\mathcal{L}_{Dyn}$ 语言的解释器，第 2 部分（续）

```python
class InterpLdyn(InterpLlambda):
  def tag(self, v):
    if v is True or v is False:
      return Tagged(v, 'bool')
    elif isinstance(v, int):
      return Tagged(v, 'int')
    elif isinstance(v, Function):
      return Tagged(v, 'function')
    elif isinstance(v, tuple):
      return Tagged(v, 'tuple')
    elif isinstance(v, type(None)):
      return Tagged(v, 'none')
    else:
      raise Exception('tag: unexpected ' + repr(v))

  def untag(self, v, expected_tag, ast):
    match v:
      case Tagged(val, tag) if tag == expected_tag:
        return val
      case _:
        raise TrappedError('expected Tagged value with '
                    + expected_tag + ', not ' + ' ' + repr(v))

  def apply_fun(self, fun, args, e):
    f = self.untag(fun, 'function', e)
    return super().apply_fun(f, args, e)
```

图 10.5 $\mathcal{L}_{Dyn}$ 语言解释器的辅助函数

接下来考虑访问元组元素的匹配情况。辅助函数 untag（图 10.5）用于确保第 1 个参数是元组并且第 2 个参数是整数。如果不是，则引发异常。编译的代码还必须通过返回码 255 退出来发出错误信号。如果索引不小于元组的长度或为负数，也会引发异常。

10.2 标记值的表示

$\mathcal{L}_{\text{Dyn}}$ 语言的解释器引入了一种新的值：标记值。要将 $\mathcal{L}_{\text{Dyn}}$ 语言编译为 x86 汇编语言，必须决定如何在位级别表示标记值。因为 $\mathcal{L}_{\text{Dyn}}$ 中的几乎每个操作都涉及到处理标记值，所以表示必须是高效的。回想一下，所有的值都是 64 位。我们将"窃取"最右边的 3 位来对标记进行编码。使用 001 标识整数，100 表示布尔，010 表示元组，011 表示过程，101 表示空值 None。我们定义了以下辅助函数，用于将类型映射到标记码：

$$tagof(\texttt{IntType()}) = 001$$
$$tagof(\texttt{BoolType()}) = 100$$
$$tagof(\texttt{TupleType(ts)}) = 010$$
$$tagof(\texttt{FunctionType(ps, rt)}) = 011$$
$$tagof(\texttt{type(None)}) = 101$$

这 3 位的"窃取"是有代价的：整数现在被限制在 -2^{60} 到 $2^{60}-1$ 的范围内。"窃取"不会对元组和过程产生不利影响，因为这些值是地址，并且我们的地址是 8 字节对齐的，因此最右边的 3 位未使用；它们总是 000。因此，不会因为用标记覆盖最右边的 3 位而丢失信息，并且我们可以简单地将标记清零以恢复原始地址。

为了将标记值变成第一类实体，我们可以为它们提供一个名为 AnyType 的类型，并定义诸如 Inject 和 Project 之类的操作来创建和使用它们，从而生成静态类型的 $\mathcal{L}_{\text{Any}}$ 中间语言。我们在 10.4 节中描述如何将 $\mathcal{L}_{\text{Dyn}}$ 语言编译为 $\mathcal{L}_{\text{Any}}$ 语言；在下一节中，我们将更详细地描述 $\mathcal{L}_{\text{Any}}$ 语言。

10.3 $\mathcal{L}_{\text{Any}}$ 语言

$\mathcal{L}_{\text{Any}}$ 语言的抽象语法的定义如图 10.6 所示。Inject(e, T) 形式将 T 类型的表达式 e 产生的值转换为标记值。Project(e, T) 形式要么将表达式 e 生成的标记值转换为类型 T 的值，要么在类型标记与 T 不匹配时停止程序。请注意，在 Inject 和 Project 中，类型 T 都被限制为平面类型（非终结符 *ftype*），这简化了实现并符合编译 $\mathcal{L}_{Dyn}$ 语言的需要。

$$
\begin{array}{rcl}
exp & ::= & \text{Constant}(\textit{int}) \mid \text{Call}(\text{Name}('input\_int'), []) \\
 & \mid & \text{UnaryOp}(\text{USub}(), \textit{exp}) \mid \text{BinOp}(\textit{exp}, \text{Add}(), \textit{exp}) \\
 & \mid & \text{BinOp}(\textit{exp}, \text{Sub}(), \textit{exp}) \\
stmt & ::= & \text{Expr}(\text{Call}(\text{Name}('print'), [\textit{exp}])) \mid \text{Expr}(\textit{exp}) \\
exp & ::= & \text{Name}(\textit{var}) \\
stmt & ::= & \text{Assign}([\text{Name}(\textit{var})], \textit{exp}) \\
boolop & ::= & \text{And}() \mid \text{Or}() \\
cmp & ::= & \text{Eq}() \mid \text{NotEq}() \mid \text{Lt}() \mid \text{LtE}() \mid \text{Gt}() \mid \text{GtE}() \\
bool & ::= & \text{True} \mid \text{False} \\
exp & ::= & \text{Constant}(\textit{bool}) \mid \text{BoolOp}(\textit{boolop}, [\textit{exp}, \textit{exp}]) \\
 & \mid & \text{UnaryOp}(\text{Not}(), \textit{exp}) \mid \text{Compare}(\textit{exp}, [\textit{cmp}], [\textit{exp}]) \\
 & \mid & \text{IfExp}(\textit{exp}, \textit{exp}, \textit{exp}) \\
stmt & ::= & \text{If}(\textit{exp}, \textit{stmt}^+, \textit{stmt}^+) \\
stmt & ::= & \text{While}(\textit{exp}, \textit{stmt}^+, []) \\
cmp & ::= & \text{Is}() \\
exp & ::= & \text{Tuple}(\textit{exp}^+, \text{Load}()) \mid \text{Subscript}(\textit{exp}, \text{Constant}(\textit{int}), \text{Load}()) \\
 & \mid & \text{Call}(\text{Name}('len'), [\textit{exp}]) \\
type & ::= & \text{IntType}() \mid \text{BoolType}() \mid \text{VoidType}() \mid \text{TupleType}[\textit{type}^+] \\
 & \mid & \text{FunctionType}(\textit{type}^*, \textit{type}) \\
exp & ::= & \text{Call}(\textit{exp}, \textit{exp}^*) \\
stmt & ::= & \text{Return}(\textit{exp}) \\
params & ::= & (\textit{var}, \textit{type})^* \\
def & ::= & \text{FunctionDef}(\textit{var}, \textit{params}, \textit{stmt}^+, \text{None}, \textit{type}, \text{None}) \\
exp & ::= & \text{Lambda}(\textit{var}^*, \textit{exp}) \mid \text{Call}(\text{Name}('arity'), [\textit{exp}]) \\
stmt & ::= & \text{AnnAssign}(\textit{var}, \textit{type}, \textit{exp}, 0) \\
type & ::= & \text{AnyType}() \\
ftype & ::= & \text{IntType}() \mid \text{BoolType}() \mid \text{VoidType}() \mid \text{TupleType}[\text{AnyType}()^+] \\
 & \mid & \text{FunctionType}(\text{AnyType}()^*, \text{AnyType}()) \\
exp & ::= & \text{Inject}(\textit{exp}, \textit{ftype}) \mid \text{Project}(\textit{exp}, \textit{ftype}) \\
 & \mid & \text{Call}(\text{Name}('any\_tuple\_load'), [\textit{exp}, \textit{exp}]) \\
 & \mid & \text{Call}(\text{Name}('any\_len'), [\textit{exp}]) \\
 & \mid & \text{Call}(\text{Name}('arity'), [\textit{exp}]) \\
 & \mid & \text{Call}(\text{Name}('make\_any'), [\textit{exp}, \text{Constant}(\textit{int})]) \\
\mathcal{L}_{Any} & ::= & \text{Module}([\textit{def} \ldots \textit{stmt} \ldots]) \\
\end{array}
$$

图 10.6 $\mathcal{L}_{Any}$ 语言的抽象语法，它扩展了 $\mathcal{L}_\lambda$ 语言（图 9.4）

运算符 `any_tuple_load` 和 `any_len` 把元组操作与 `AnyType` 类型的值进行了适配，它们还推广了元组操作，因为在文法中索引不限于文字整数，而是允许是任何表达式。

$\mathcal{L}_{Any}$ 语言的类型检查器如图 10.7 所示。$\mathcal{L}_{Any}$ 语言的解释器如图 10.8 所示，其辅助函数如图 10.9 所示。

```
class TypeCheckLany(TypeCheckLlambda):
  def type_check_exp(self, e, env):
    match e:
      case Inject(value, typ):
        self.check_exp(value, typ, env)
        return AnyType()
      case Project(value, typ):
        self.check_exp(value, AnyType(), env)
        return typ
      case Call(Name('any_tuple_load'), [tup, index]):
        self.check_exp(tup, AnyType(), env)
        self.check_exp(index, IntType(), env)
        return AnyType()
      case Call(Name('any_len'), [tup]):
        self.check_exp(tup, AnyType(), env)
        return IntType()
      case Call(Name('arity'), [fun]):
        ty = self.type_check_exp(fun, env)
        match ty:
          case FunctionType(ps, rt):
            return IntType()
          case TupleType([FunctionType(ps,rs)]):
            return IntType()
          case _:
            raise Exception('type check arity unexpected ' + repr(ty))
      case Call(Name('make_any'), [value, tag]):
        self.type_check_exp(value, env)
        self.check_exp(tag, IntType(), env)
        return AnyType()
      case AnnLambda(params, returns, body):
        new_env = {x:t for (x,t) in env.items()}
        for (x,t) in params:
          new_env[x] = t
        return_t = self.type_check_exp(body, new_env)
        self.check_type_equal(returns, return_t, e)
        return FunctionType([t for (x,t) in params], return_t)
      case _:
        return super().type_check_exp(e, env)
```

图 10.7 $\mathcal{L}_{Any}$ 语言的类型检查器

```
class InterpLany(InterpLlambda):
  def interp_exp(self, e, env):
    match e:
      case Inject(value, typ):
        return Tagged(self.interp_exp(value, env), self.type_to_tag(typ))
      case Project(value, typ):
        match self.interp_exp(value, env):
          case Tagged(val, tag) if self.type_to_tag(typ) == tag:
            return val
          case _:
```

图 10.8 $\mathcal{L}_{Any}$ 语言的解释器

```
        raise Exception('failed project to ' + self.type_to_tag(typ))
case Call(Name('any_tuple_load'), [tup, index]):
  match self.interp_exp(tup, env):
    case Tagged(v, tag):
      return v[self.interp_exp(index, env)]
    case _:
      raise Exception('in any_tuple_load untagged value')
case Call(Name('any_len'), [value]):
  match self.interp_exp(value, env):
    case Tagged(value, tag):
      return len(value)
    case _:
      raise Exception('interp any_len untagged value')
case Call(Name('arity'), [fun]):
  return self.arity(self.interp_exp(fun, env))
case _:
  return super().interp_exp(e, env)
```

图 10.8 $\mathcal{L}_{\text{Any}}$ 语言的解释器（续）

```
class InterpLany(InterpLlambda):
  def type_to_tag(self, typ):
    match typ:
      case FunctionType(params, rt):
        return 'function'
      case TupleType(fields):
        return 'tuple'
      case IntType():
        return 'int'
      case BoolType():
        return 'bool'
      case _:
        raise Exception('type_to_tag unexpected ' + repr(typ))
  def arity(self, v):
    match v:
      case Function(name, params, body, env):
        return len(params)
      case _:
        raise Exception('Lany arity unexpected ' + repr(v))
```

图 10.9 解释 $\mathcal{L}_{\text{Any}}$ 语言的辅助函数

10.4 强制转换插入：编译 $\mathcal{L}_{\text{Dyn}}$ 为 $\mathcal{L}_{\text{Any}}$

cast_insert 编译遍将 $\mathcal{L}_{\text{Dyn}}$ 语言编译为 $\mathcal{L}_{\text{Any}}$ 语言。图 10.10 显示了许多 $\mathcal{L}_{\text{Dyn}}$ 形式翻译到 $\mathcal{L}_{\text{Any}}$ 中。该编译遍的一个重要不变量是，给定 $\mathcal{L}_{\text{Dyn}}$ 语言程序中的任何子表达式 e，该遍将生成 $\mathcal{L}_{\text{Any}}$ 语言中的类型为 AnyType 的表达式 e'。例如，图 10.10 中的第一行显示了布尔量 True 的编译，必须注入布尔 True 才能生成 AnyType 类型的表达式。加法的编译如图 10.10 中第二行所示。加法的编译是许多基本操作的代表：参数的类型为 AnyType，并且必须投影为 IntType，然后才能执行加法。

True	⇒	Inject(True, BoolType())

$e_1 + e_2$	⇒	Inject(Project(e'_1, IntType())
		     + Project(e'_2, IntType()),
		     IntType())

lambda $x_1 \ldots : e$	⇒	Inject(Lambda([(x_1,AnyType),...], e') FunctionType([AnyType(),...], AnyType()))
$e_0(e_1 \ldots e_n)$	⇒	Call(Project(e'_0, FunctionType([AnyType(),...], AnyType())), $e'_1, \ldots, e'_n$)
$e_1[e_2]$	⇒	Call(Name('any_tuple_load'), [e'_1, Project(e'_2, IntType())])

图 10.10　强制转换插入

lambda 式的编译（图 10.10 的第三行）显示了当需要生成类型注释时会发生什么：我们只简单使用 AnyType。

10.5　揭示强制转换

在 reveal_casts 编译遍中，我们建议将 Project 编译为条件表达式，以检查值的标记是否与目标类型匹配；如果匹配，则通过移除标记将该值转换为目标类型的值；如果不匹配，则程序退出。要执行这些操作，我们需要两个新的 AST 类：TagOf 和 ValueOf。TagOf 操作从 AnyType 类型的标记值中获取类型标记。ValueOf 操作从标记值中获取基础值。ValueOf 操作包括类型检查器使用的基础值的类型。

如果投影的目标类型是 bool 或 int，则 Project 可以进行如下转换：

```
Project(e, ftype)
⇒
Begin([Assign([tmp], e')],
      IfExp(Compare(TagOf(tmp),[Eq()],
                   [Constant(tagof(ftype))]),
            ValueOf(tmp, ftype)
            Call(Name('exit'), [])))
```

如果投影的目标类型是元组或函数类型，则需要做更多的工作。对于元组，检查元组类型的长度是否与实际元组的长度匹配。对于函数，检查函数类型中的参数数量是否与函数的实际参数个数匹配。

关于 Inject，我们建议将其编译为一个稍底层的名为 make_any 的基本操作。此操作采用标记而不是类型。

Inject(*e*, *ftype*)
⇒
Call(Name('make_any'), [*e′*], Constant(*tagof*(*ftype*)))])

make_any 操作的引入使双向类型检查变得困难，因为不再有预期的类型用于表达式 *e′* 的类型检查。因此，如果 *e′* 是 Lambda 表达式，就会遇到困难。建议将 Lambda 转换为一个新的 AST 类 AnnLambda（用于带注释的 Lambda），该类包含其返回类型及其参数的类型。

any_tuple_load 操作将投影操作与加载操作相结合。此外，加载操作允许索引使用任意表达式，因此 $\mathcal{L}_{Any}$ 语言的类型检查器（图 10.7）不能保证索引在界限内。我们插入代码以便在运行时执行边界检查。any_tuple_load 操作的转换如下。

Call(Name('any_tuple_load'), [e_1, e_2])
⇒
Block([Assign([*t*], e'_1), Assign([*i*], e'_2)],
    IfExp(Compare(TagOf(*t*), [Eq()], [Constant(2)]),
        IfExp(Compare(*i*, [Lt()], [Call(Name('any_len'), [*t*])]),
            Call(Name('any_tuple_load_unsafe'), [*t*, *i*]),
            Call(Name('exit'), [])),
        Call(Name('exit'), [])))

10.6 赋值转换

更新此编译遍以处理 TagOf、ValueOf 和 AnnLambda 的 AST 类。

10.7 闭包转换

更新此编译遍以处理 TagOf、ValueOf 和 AnnLambda 的 AST 类。

10.8 移除复杂操作数

ValueOf 和 TagOf 操作都是复杂表达式。它们的子表达式必须是原子表达式。

10.9 详细控制和 $\mathcal{C}_{Any}$

explicate_control 编译遍的输出是 $\mathcal{C}_{Any}$ 语言，其抽象语法定义如图 10.11 所示。根据需要更新辅助函数 explicate_tail、explicate_effect 和 explicate_pred，以处理 $\mathcal{C}_{Any}$ 中的新表达式。

```
atm    ::=  Constant(int) | Name(var) | Constant(bool)
exp    ::=  atm | Call(Name('input_int'),[]) | UnaryOp(USub(),atm)
        |   BinOp(atm,Sub(),atm) | BinOp(atm,Add(),atm)
        |   Compare(atm,[cmp],[atm])
stmt   ::=  Expr(Call(Name('print'),[atm])) | Expr(exp)
        |   Assign([Name(var)], exp)
tail   ::=  Return(exp) | Goto(label)
        |   If(Compare(atm,[cmp],[atm]), [Goto(label)], [Goto(label)])
atm    ::=  GlobalValue(var)
exp    ::=  Subscript(atm,atm,Load()) | Allocate(int,type)
        |   Call(Name('len'),[atm])
stmt   ::=  Collect(int) | Assign([Subscript(atm,atm,Store())], atm)
exp    ::=  FunRef(label, int) | Call(atm, atm*)
tail   ::=  TailCall(atm, atm*)
params ::=  [(var,type), ...]
block  ::=  label: stmt* tail
def    ::=  FunctionDef(label, params, {block, ...}, None, type, None)
exp    ::=  Uninitialized(type) | AllocateClosure(len,type,arity)
        |   Call(Name('arity'), [atm]) | UncheckedCast(exp,type)
exp    ::=  Call(Name('make_any'), [atm,atm])
        |   TagOf(atm) | ValueOf(atm,ftype)
        |   Call(Name('any_tuple_load_unsafe'), [atm,atm])
        |   Call(Name('any_len'), [atm])
        |   Call(Name('exit'), [])
C_Any  ::=  CProgramDefs([def, ...])
```

图 10.11　$\mathcal{C}_{\mathrm{Any}}$ 语言的抽象语法，它扩展了 $\mathcal{C}_{\mathrm{Clos}}$ 语言（图 9.9）

10.10　选择指令

在 select_instructions 编译遍中，我们将 AnyType 类型上的基本操作转换为 x86 汇编指令，这些指令操作标记值的三个标记位。在下面的描述中，给定原子 e，使用一个准备好的变量 e' 来表示将 e 转换为 x86 参数的结果：

- **make_any**　如果标记是用于 int 或 bool 的，我们建议按如下方式编译 make_any 操作。salq 指令将目标向左移动其源参数指定的位数（在本例中为 3，标记的长度），并保留整数的符号。使用 orq 指令来组合标记和值，以形成标记值。

```
Assign([lhs], Call(Name('make_any'), [e, Constant(tag)]))
⇒
movq e', lhs'
salq $3, lhs'
orq $tag, lhs'
```

元组和过程的指令选择是不同的，因为不需要将它们向左移动。最右边的 3 位已经是零，因此我们只需使用 orq 组合值和标记。

```
Assign([lhs], Call(Name('make_any'), [e, Constant(tag)]))
⇒
movq e′, lhs′
orq $tag, lhs′
```

- **TagOf**　回想一下，**TagOf** 操作从 **AnyType** 类型的值中提取类型标记。类型标记是低 3 位，因此我们通过将值与 111（十进制数 7）按位与来获得标记。

```
Assign([lhs], TagOf(e))
⇒
movq e′, lhs′
andq $7, lhs′
```

- **ValueOf**　**ValueOf** 的指令也不同，这取决于类型 T 是指针（元组或函数）与否（整数或布尔值）。下面显示了整数和布尔值的指令选择，其中，通过将其右移 3 位来产生一个未标记的值：

```
Assign([lhs], ValueOf(e, T))
⇒
movq e′, lhs′
sarq $3, lhs′
```

在元组和过程的情况下，我们将最右边的 3 位清零。具体做法是：创建位模式…0111（十进制数 7），逐位取反后获得…11111000（十进制数 -8），然后将其传送到目标 lhs′ 中。最后，对标记值应用 andq 来获得所需的结果。

```
Assign([lhs], ValueOf(e, T))
⇒
movq $-8, lhs′
andq e′, lhs′
```

- **any_len**　**any_len** 操作将 **ValueOf** 的效果与从存储在元组索引零处的标记访问元组的长度相结合。

```
Assign([lhs], Call(Name('any_len'), [e₁]))
⇒
movq $-8, %r11
andq e₁′, %r11
movq 0(%r11), %r11
andq $126, %r11
sarq $1, %r11
movq %r11, lhs′
```

- **any_tuple_load_unsafe**　此操作将 **ValueOf** 的效果与读取元组元素相结合（请参见 7.6 节）。然而，索引可能是任意原子，因此，不能在编译时计算偏移量，而是必须生成指令来在运行时计算偏移，如下所示。请注意新指令

imulq 的使用。

Assign([*lhs*], Call(Name('any_tuple_load_unsafe'), [e_1,e_2]))
$\Longrightarrow$
movq $-8, %r11
andq e'_1, %r11
movq e'_2, %rax
addq $1, %rax
imulq $8, %rax
addq %rax, %r11
movq 0(%r11) *lhs'*

10.11 $\mathcal{L}_{\text{Any}}$ 语言的寄存器分配

标记值和垃圾收集之间有一个有趣的交互，它对寄存器分配会有影响。AnyType 类型的变量可能引用元组，因此这样变量可能是垃圾收集期间需要检查和复制的根。为了寄存器分配，我们需要以类似于处理元组类型的变量的方式来处理 AnyType 类型的变量，特别注意以下几点：

- 如果 AnyType 类型的变量在函数调用期间是活跃的，则必须将其溢出。这可以通过更改 build_interference 编译遍来实现，将 callq 之后活跃的 AnyType 类型的所有变量标记为干扰所有寄存器。
- 如果溢出 AnyType 类型的变量，则必须将其溢出到根栈，而不是正常的过程调用栈。

关于根栈的另一个问题是，垃圾回收器需要区分指向元组的旧指针，指向元组的标记值，以及不是元组的标记值。我们通过选择没有在 *tagof* 函数中使用的标记 000 来实现这种区分。相反，该位模式被保留用于标识元组的普通旧指针。这样，如果设置了前 3 个位中的一个，则我们具有标记值，并且检查标记可以区分元组（010）和其他类型的值。

习题 10.1 扩展编译器以处理本章概述的 $\mathcal{L}_{\text{Dyn}}$ 语言。通过删除类型注释来调整之前的 10 个测试程序，为 $\mathcal{L}_{\text{Dyn}}$ 语言创建测试。再添加五个专门依赖于动态类型语言的测试程序。也就是说，它们不应该是静态类型语言中的合法程序，但应该是有效的 $\mathcal{L}_{\text{Dyn}}$ 程序，运行到结束时不会出现错误。

图 10.12 给出了编译 $\mathcal{L}_{\text{Dyn}}$ 语言所需的各编译遍。

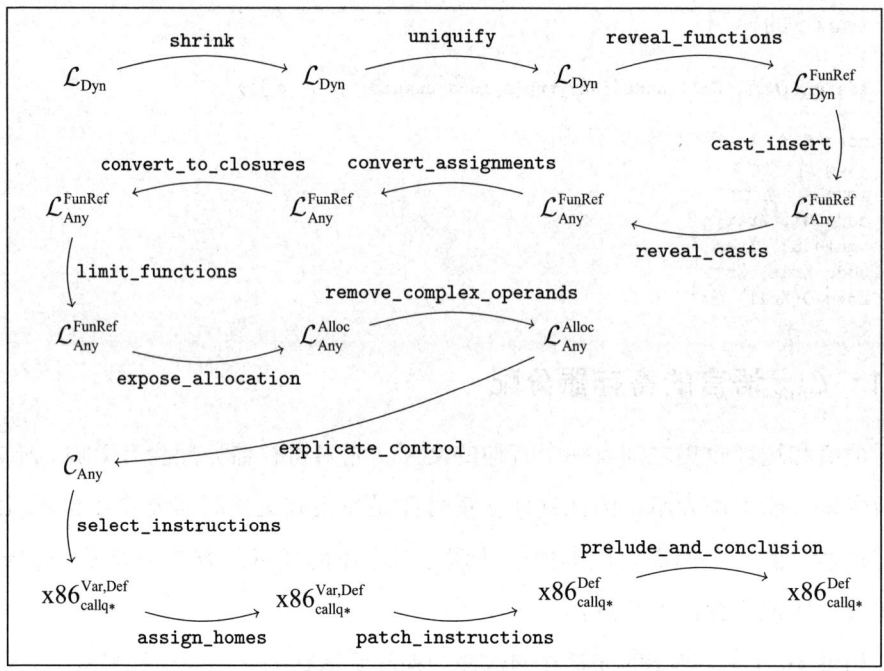

图 10.12 $\mathcal{L}_{\text{Dyn}}$ 语言（一种动态类型语言）所需的各编译遍

第 11 章

Essentials of Compilation: An Incremental Approach in Python

渐变类型

本章研究语言 $\mathcal{L}_?$，在这种语言中，程序员可以在程序的不同部分选择静态类型检查或者动态类型检查，从而将静态类型语言 $\mathcal{L}_\lambda$ 与动态类型语言 $\mathcal{L}_{\mathrm{Dyn}}$ 混合。混合静态和动态类型的方法有几种，包括多语言集成（Tobin-Hochstadt and Felleisen 2006；Matthews and Findler 2007）和混合类型检查（Flanagan 2006；Gronski et al. 2006）。本章将关注渐变类型，其中程序员通过添加或删除参数和变量的类型注释来控制静态与动态检查的数量（Anderson and Drossopoulou 2003；Siek and Taha 2006 年）。

$\mathcal{L}_?$ 语言的具体语法的定义如图 11.1 所示，其抽象语法的定义如图 11.2 所示。$\mathcal{L}_\lambda$ 和 $\mathcal{L}_?$ 之间的主要语法不同是类型注释是可选的，这是在文法中使用非终结符号 *prm* 和 *ret* 指定的。在抽象语法中，类型注释不是可选的，但当没有类型注释时，我们使用 Any 类型。$\mathcal{L}_?$ 语言的类型检查器和解释器都需要一些有趣的更改来实现渐变类型，我们将在接下来的两节中对此进行讨论。

```
exp   ::= int | input_int() | - exp | exp + exp | exp - exp | (exp)
stmt  ::= print(exp) | exp
exp   ::= var
stmt  ::= var = exp
cmp   ::= == | != | < | <= | > | >=
exp   ::= True | False | exp and exp | exp or exp | not exp
      |   exp cmp exp | exp if exp else exp
stmt  ::= if exp: stmt⁺ else: stmt⁺
stmt  ::= while exp: stmt⁺
cmp   ::= is
exp   ::= exp, ... ,exp | exp[int] | len(exp)
type  ::= Any | int | bool | tuple[type, ...] | Callable[[type,...], type]
exp   ::= exp(exp,...) | lambda var, ... : exp | arity(exp)
stmt  ::= var : type = exp | return exp
prm   ::= var | var:type
ret   ::= ϵ | -> type
def   ::= def var(prm, ...) ret: stmt⁺
$\mathcal{L}_?$ ::= def ... stmt ...
```

图 11.1　$\mathcal{L}_?$ 语言的具体语法，它扩展了 $\mathcal{L}_{\mathrm{Tup}}$ 语言（图 7.1）

$$
\begin{array}{rcl}
exp & ::= & \texttt{Constant}(int) \mid \texttt{Call}(\texttt{Name}(\texttt{'input\_int'}),[]) \\
 & \mid & \texttt{UnaryOp}(\texttt{USub}(),exp) \mid \texttt{BinOp}(exp,\texttt{Add}(),exp) \\
 & \mid & \texttt{BinOp}(exp,\texttt{Sub}(),exp) \\
stmt & ::= & \texttt{Expr}(\texttt{Call}(\texttt{Name}(\texttt{'print'}),[exp])) \mid \texttt{Expr}(exp) \\
exp & ::= & \texttt{Name}(var) \\
stmt & ::= & \texttt{Assign}([\texttt{Name}(var)], exp) \\
boolop & ::= & \texttt{And}() \mid \texttt{Or}() \\
cmp & ::= & \texttt{Eq}() \mid \texttt{NotEq}() \mid \texttt{Lt}() \mid \texttt{LtE}() \mid \texttt{Gt}() \mid \texttt{GtE}() \\
bool & ::= & \texttt{True} \mid \texttt{False} \\
exp & ::= & \texttt{Constant}(bool) \mid \texttt{BoolOp}(boolop,[exp,exp]) \\
 & \mid & \texttt{UnaryOp}(\texttt{Not}(),exp) \mid \texttt{Compare}(exp,[cmp],[exp]) \\
 & \mid & \texttt{IfExp}(exp,exp,exp) \\
stmt & ::= & \texttt{If}(exp, stmt^+, stmt^+) \\
stmt & ::= & \texttt{While}(exp, stmt^+, []) \\
cmp & ::= & \texttt{Is}() \\
exp & ::= & \texttt{Tuple}(exp^+,\texttt{Load}()) \mid \texttt{Subscript}(exp,\texttt{Constant}(int),\texttt{Load}()) \\
 & \mid & \texttt{Call}(\texttt{Name}(\texttt{'len'}),[exp]) \\
type & ::= & \texttt{AnyType}() \mid \texttt{IntType}() \mid \texttt{BoolType}() \mid \texttt{VoidType}() \\
 & \mid & \texttt{TupleType}(type^*) \mid \texttt{FunctionType}(type^*, type) \\
exp & ::= & \texttt{Call}(exp, exp^*) \mid \texttt{Lambda}(var^*, exp) \\
 & \mid & \texttt{Call}(\texttt{Name}(\texttt{'arity'}), [exp]) \\
stmt & ::= & \texttt{AnnAssign}(var, type, exp, 0) \mid \texttt{Return}(exp) \\
prm & ::= & (var, type) \\
def & ::= & \texttt{FunctionDef}(var, prm^*, stmt^+, \texttt{None}, type, \texttt{None}) \\
\mathcal{L}_? & ::= & \texttt{Module}([def \ldots stmt \ldots]) \\
\end{array}
$$

图 11.2 $\mathcal{L}_?$ 语言的抽象语法,它扩展了 $\mathcal{L}_{\text{Tup}}$ 语言(图 7.2)

11.1 类型检查 $\mathcal{L}_?$

我们首先讨论第 8 章中 map 示例的部分类型变体的类型检查,如图 11.3 所示。map 函数本身是静态类型的,因此在类型检查方面没有什么特别的事情发生。另一方面,inc 函数没有类型注释,因此类型检查器将类型 Any 分配给参数 x 和返回类型。现在考虑 inc 函数中的"+"运算符。它希望两个参数都具有 int 类型,但它的第一个参数 x 具有 Any 类型。在渐变类型语言中,只要类型是一致的,就允许这种差异;也就是说,除非有地方出现了 Any 类型,否则,两个类型应该是相等的。换言之,Any 类型与其他所有类型都是一致的。图 11.4 显示了 consistent 方法的定义。因此,类型检查器允许将"+"运算符应用于 x,因为 Any 与 int 一致。接下来考虑图 11.3 中所示的 map 函数调用,调用使用参数 inc 和元组。函数 inc 的类型为 Callable[[Any], Any],但 map 的参数 f 的类型为 Callable[[int], int]。$\mathcal{L}_?$ 语言的类型检查器会接受此调用,因为这两种类型是一致的。

```
def map(f : Callable[[int], int], v : tuple[int,int]) -> tuple[int,int]:
  return f(v[0]), f(v[1])

def inc(x):
  return x + 1

t = map(inc, (0, 41))
print(t[1])
```

图 11.3　map 示例的部分类型版本

```
def consistent(self, t1, t2):
  match (t1, t2):
    case (AnyType(), _):
      return True
    case (_, AnyType()):
      return True
    case (FunctionType(ps1, rt1), FunctionType(ps2, rt2)):
      return all(map(self.consistent, ps1, ps2)) and consistent(rt1, rt2)
    case (TupleType(ts1), TupleType(ts2)):
      return all(map(self.consistent, ts1, ts2))
    case (_, _):
      return t1 == t2
```

图 11.4　类型的一致性方法

考虑渐变类型如何处理有错误的程序也很有帮助，例如将 map 应用于有时返回布尔值的函数，如图 11.5 所示。$\mathcal{L}_?$ 语言的类型检查器接受该程序，因为 maybe_inc 的类型与 map 的参数 f 的类型一致；即 Callable[[Any], Any] 与 Callable[[int], int] 一致。有人可能会说，渐变类型检查器是乐观的，因为它接受那些执行时可能没有运行时类型错误的程序。$\mathcal{L}_?$ 语言的类型检查器的定义如图 11.7、图 11.8 和图 11.9 所示。图 11.10 所示是 $\mathcal{L}_?$ 的类型检查器用到的辅助方法。

使用输入 1 运行此程序，当函数 maybe_inc 返回 True 时会触发错误。$\mathcal{L}_?$ 语言在运行时执行检查以确保静态类型的完整性，例如关于 map 的参数 f 的 Callable[[int], int] 注释。在这里，我们给出了如何完成运行时检查的预览，下面的部分提供了详细信息。

运行时检查由一个新的 Cast AST 节点完成，该节点在名为 cast_insert 的编译遍中生成。cast_insert 的输出是一个 $\mathcal{L}_{\text{Cast}}$ 语言程序，它只是将 Cast 和 Any 添加到 $\mathcal{L}_\lambda$ 中。图 11.6 显示了 map 和 maybe_inc 的 cast_insert 遍的输出。其思想是，每当类型检查器遇到两个一致但不相等的类型时，都会插入 Cast。在函数 inc 中，x 被强制转换为 int，"+"的结果被强制转换为 Any。在对 map 的调用中，inc

参数从 Callable[[Any], Any] 强制转换为 Callable[[int], int]。在下一节中,我们将看到如何解释 Cast 节点。

```
def map(f : Callable[[int], int], v : tuple[int,int]) -> tuple[int,int]:
  return f(v[0]), f(v[1])
def inc(x):
  return x + 1
def true():
  return True
def maybe_inc(x):
  return inc(x) if input_int() == 0 else true()

t = map(maybe_inc, (0, 41))
print(t[1])
```

图 11.5 带有错误的 map 示例的变体

```
def map(f : Callable[[int], int], v : tuple[int,int]) -> tuple[int,int]:
  return f(v[0]), f(v[1])
def inc(x : Any) -> Any:
  return Cast(Cast(x, Any, int) + 1, int, Any)
def true() -> Any:
  return Cast(True, bool, Any)
def maybe_inc(x : Any) -> Any:
  return inc(x) if input_int() == 0 else true()

t = map(Cast(maybe_inc, Callable[[Any], Any], Callable[[int], int]),
        (0, 41))
print(t[1])
```

图 11.6 map 和 maybe_inc 示例的 cast_insert 编译遍的输出

```
class TypeCheckLgrad(TypeCheckLlambda):
  def type_check_exp(self, e, env) -> Type:
    match e:
      case Name(id):
        return env[id]
      case Constant(value) if isinstance(value, bool):
        return BoolType()
      case Constant(value) if isinstance(value, int):
        return IntType()
      case Call(Name('input_int'), []):
        return IntType()
      case BinOp(left, op, right):
        left_type = self.type_check_exp(left, env)
        self.check_consistent(left_type, IntType(), left)
        right_type = self.type_check_exp(right, env)
        self.check_consistent(right_type, IntType(), right)
```

图 11.7 $\mathcal{L}_?$ 语言中的类型检查表达式

```
            return IntType()
        case IfExp(test, body, orelse):
            test_t = self.type_check_exp(test, env)
            self.check_consistent(test_t, BoolType(), test)
            body_t = self.type_check_exp(body, env)
            orelse_t = self.type_check_exp(orelse, env)
            self.check_consistent(body_t, orelse_t, e)
            return self.join_types(body_t, orelse_t)
        case Call(func, args):
            func_t = self.type_check_exp(func, env)
            args_t = [self.type_check_exp(arg, env) for arg in args]
            match func_t:
              case FunctionType(params_t, return_t) \
                  if len(params_t) == len(args_t):
                for (arg_t, param_t) in zip(args_t, params_t):
                    self.check_consistent(param_t, arg_t, e)
                return return_t
              case AnyType():
                return AnyType()
              case _:
                raise Exception('type_check_exp: in call, unexpected '
                                + repr(func_t))
        ...
        case _:
          raise Exception('type_check_exp: unexpected ' + repr(e))
```

图 11.7　$\mathcal{L}_?$ 语言中的类型检查表达式（续）

```
def check_exp(self, e, expected_ty, env):
  match e:
    case Lambda(params, body):
      match expected_ty:
        case FunctionType(params_t, return_t):
          new_env = env.copy().update(zip(params, params_t))
          e.has_type = expected_ty
          body_ty = self.type_check_exp(body, new_env)
          self.check_consistent(body_ty, return_t)
        case AnyType():
          new_env = env.copy().update((p, AnyType()) for p in params)
          e.has_type = FunctionType([AnyType()for _ in params],AnyType())
          body_ty = self.type_check_exp(body, new_env)
        case _:
          raise Exception('lambda is not of type ' + str(expected_ty))
    case _:
      e_ty = self.type_check_exp(e, env)
      self.check_consistent(e_ty, expected_ty, e)
```

图 11.8　在 $\mathcal{L}_?$ 语言中依据类型检查表达式

```
def type_check_stmt(self, s, env, return_type):
  match s:
    case Assign([Name(id)], value):
      value_ty = self.type_check_exp(value, env)
      if id in env:
        self.check_consistent(env[id], value_ty, value)
      else:
        env[id] = value_ty
    ...
    case _:
      raise Exception('type_check_stmts: unexpected ' + repr(ss))

def type_check_stmts(self, ss, env, return_type):
  for s in ss:
    self.type_check_stmt(s, env, return_type)
```

图 11.9　$\mathcal{L}_?$ 语言中的类型检查语句

```
def join_types(self, t1, t2):
  match (t1, t2):
    case (AnyType(), _):
      return t2
    case (_, AnyType()):
      return t1
    case (FunctionType(ps1, rt1), FunctionType(ps2, rt2)):
      return FunctionType(list(map(self.join_types, ps1, ps2)),
                          self.join_types(rt1,rt2))
    case (TupleType(ts1), TupleType(ts2)):
      return TupleType(list(map(self.join_types, ts1, ts2)))
    case (_, _):
      return t1

def check_consistent(self, t1, t2, e):
  if not self.consistent(t1, t2):
    raise Exception('error: ' + repr(t1) + ' inconsistent with ' \
                    + repr(t2) + ' in ' + repr(e))
```

图 11.10　$\mathcal{L}_?$ 语言类型检查的辅助方法

11.2　解释 $\mathcal{L}_{\text{Cast}}$

涉及简单类型（如 int 和 bool）的强制转换的运行时行为很简单。例如，可以使用 $\mathcal{L}_{\text{Any}}$ 的 Inject 操作符完成从 int 到 Any 的转换，该操作符将整数放入标记值中（图 10.8）。同样，使用 Project 操作符完成从 Any 到 int 的转换，方法是检查值的标记，并取回基础整数，或者如果标记不是整数的标记，则会发出错误信号（图 10.9）。涉及函数、元组和数组类型的强制转换更加有趣。

考虑图 11.5 所示的函数 maybe_inc 从 Callabel[[Any]，Any] 到 Callable[[int]，int] 的强制转换。当函数 maybe_inc 在运行时经过该强制转换时，我们不知道它是否会返回整数，因为这取决于用户的输入。因此，$\mathcal{L}_\text{Cast}$ 解释器延迟检查强制转换，直到应用该函数时才进行。为此，它将 maybe_inc 函数包装在一个新函数中，该函数将其参数从 int 强制转换为 Any，再应用 maybe_inc，然后将返回值从 Any 强制转换为 int。

关于可变数据的强制转换还有更复杂的问题，例如 7.9 节的挑战任务中引入的列表类型。如图 11.11 所示，该示例定义了 map 的部分类型版本，其参数 v 具有类型 list[Any]，并就地更新 v，而不是返回新的元组。我们将此函数命名为 map_inplace。我们将 map_inplace 应用于整数数组，因此类型检查器将插入从 list[int] 到 list[Any] 的强制转换。$\mathcal{L}_\text{Cast}$ 语言解释器在数组类型之间进行强制转换的一种简单方法是构建新数组，其元素是将每个原始元素强制转换为目标类型的结果。然而，这种方法对于可变数据结构是无效的。在图 11.11 的示例中，如果强制转换创建了一个新数组，那么 map_inplace 中的更新将发生在新数组上，而不是原始数组上！

```
def map_inplace(f : Callable[[int], int], v : list[Any]) -> None:
  i = 0
  while i != len(v):
    v[i] = f(v[i])
    i = i + 1

def inc(x : int) -> int:
  return x + 1

v = [0, 41]
map_inplace(inc, v)
print(v[1])
```

图 11.11　涉及数组强制转换的示例

相反，解释器需要创建一种新的值，即代理，它拦截每个数组操作。在读取时，代理从基础数组读取，然后对结果值应用强制转换。在写入时，代理将强制转换参数值，然后执行对基础数组的写入。对于 map_inplace 函数的 f(v[i]) 中的下标 v[i]，代理将整数从 int 强制转换为 Any。对于赋值号左侧的下标，代理将标记值从 Any 强制转换为 int。

最后，我们考虑 Any 类型和高阶类型（如函数和列表）之间的强制转换。图 11.12 显示了 map_inplace 的一个变体，其中参数 v 没有类型注释，因此它被赋予类型 Any。在对 map_inplace 函数的调用中，列表的类型为 list[int]，因此类型检查器插入到 Any 的类型转换。第一个想法是使用 Inject，但这不起作用，因为 list[int] 不是平面类型。相反，必须首先强制转换为 list[Any]，它是平面类型，然后注入到 Any。

```python
def map_inplace(f : Callable[[Any], Any], v) -> None:
  i = 0
  while i != len(v):
    v[i] = f(v[i])
    i = i + 1

def inc(x):
    return x + 1

v = [0, 41]
map_inplace(inc, v)
print(v[1])
```

图 11.12　将数组强制转换为 Any

$\mathcal{L}_{\text{Cast}}$ 语言解释器使用名为 apply_cast 的辅助函数将值从源类型强制转换为目标类型，如图 11.13 所示。你会发现它处理了在本节中讨论过的所有类型的强制转换。$\mathcal{L}_{\text{Cast}}$ 语言解释器的定义如图 11.14 所示，其中有 Cast 调度到 apply_cast 的情况。接下来我们将讨论编译 $\mathcal{L}_?$ 语言所需的各个编译遍。

```python
def apply_cast(self, value, src, tgt):
  match (src, tgt):
    case (AnyType(), FunctionType(ps2, rt2)):
      anyfun = FunctionType([AnyType() for p in ps2], AnyType())
      return self.apply_cast(self.apply_project(value, anyfun), anyfun, tgt)
    case (AnyType(), TupleType(ts2)):
      anytup = TupleType([AnyType() for t1 in ts2])
      return self.apply_cast(self.apply_project(value, anytup), anytup, tgt)
    case (AnyType(), ListType(t2)):
      anylist = ListType([AnyType() for t1 in ts2])
      return self.apply_cast(self.apply_project(value, anylist), anylist, tgt)
    case (AnyType(), AnyType()):
      return value
    case (AnyType(), _):
      return self.apply_project(value, tgt)
    case (FunctionType(ps1,rt1), AnyType()):
```

图 11.13　apply_cast 辅助方法

```
            anyfun = FunctionType([AnyType() for p in ps1], AnyType())
            return self.apply_inject(self.apply_cast(value, src, anyfun), anyfun)
          case (TupleType(ts1), AnyType()):
            anytup = TupleType([AnyType() for t1 in ts1])
            return self.apply_inject(self.apply_cast(value, src, anytup), anytup)
          case (ListType(t1), AnyType()):
            anylist = ListType(AnyType())
            return self.apply_inject(self.apply_cast(value,src,anylist), anylist)
          case (_, AnyType()):
            return self.apply_inject(value, src)
          case (FunctionType(ps1, rt1), FunctionType(ps2, rt2)):
            params = [generate_name('x') for p in ps2]
            args = [Cast(Name(x), t2, t1)
                    for (x,t1,t2) in zip(params, ps1, ps2)]
            body = Cast(Call(ValueExp(value), args), rt1, rt2)
            return Function('cast', params, [Return(body)], {})
          case (TupleType(ts1), TupleType(ts2)):
            x = generate_name('x')
            reads = [Function('cast', [x], [Return(Cast(Name(x), t1, t2))], {})
                     for (t1,t2) in zip(ts1,ts2)]
            return ProxiedTuple(value, reads)
          case (ListType(t1), ListType(t2)):
            x = generate_name('x')
            read = Function('cast', [x], [Return(Cast(Name(x), t1, t2))], {})
            write = Function('cast', [x], [Return(Cast(Name(x), t2, t1))], {})
            return ProxiedList(value, read, write)
          case (t1, t2) if t1 == t2:
            return value
          case (t1, t2):
            raise Exception('apply_cast unexpected ' + repr(src) + ' ' + repr(tgt))

  def apply_inject(self, value, src):
    return Tagged(value, self.type_to_tag(src))

  def apply_project(self, value, tgt):
      match value:
        case Tagged(val, tag) if self.type_to_tag(tgt) == tag:
          return val
        case _:
          raise Exception('apply_project, unexpected ' + repr(value))
```

图 11.13 apply_cast 辅助方法（续）

```
class InterpLcast(InterpLany):
  def interp_exp(self, e, env):
    match e:
      case Cast(value, src, tgt):
        v = self.interp_exp(value, env)
        return self.apply_cast(v, src, tgt)
      case ValueExp(value):
        return value
      ...
      case _:
        return super().interp_exp(e, env)
```

图 11.14 $\mathcal{L}_{\text{Cast}}$ 语言的解释器

11.3 重载解析

回想一下，当我们在 7.9 节中添加对数组的支持时，数组操作的语法与元组操作的语法相同（例如，访问元素并获取长度）。因此，我们使用名为 `resolve` 的编译遍执行重载解析，以分离出数组和元组操作。特别是，我们介绍了本原操作 `array_load`、`array_store` 和 `array_len`。

对于渐变类型，我们进一步重载这些运算符以处理 `Any` 类型的值。因此，应该使用 `Any` 类型新情形更新 `resolve` 编译遍，将元素访问和长度操作转换为本原操作 `any_load`、`any_store` 和 `any_len`。

11.4 插入强制转换

在讨论 $\mathcal{L}_?$ 语言的类型检验时，提到了类型检查的运行时特性是如何由 Cast AST 节点执行的，该节点通过名为 `cast_insert` 的新编译遍添加到程序中。此过程的目标是 $\mathcal{L}_{\text{Cast}}$ 语言。现在讨论该过程的细节。

`cast_insert` 编译遍与 $\mathcal{L}_?$ 语言的类型检查器（从图 11.7 开始）密切相关。特别是，类型检查器允许在一致类型之间进行隐式类型转换。`cast_insert` 编译遍的工作是显式转换。它通过将 Cast 节点插入 AST 来完成此操作。在大多数情况下，隐式转换发生在类型检查器检查两个类型一致性的位置。考虑图 11.7 中二元运算符的情况。类型检查器要求左操作数的类型与 `int` 一致。因此，`cast_insert` 编译遍应该在左操作数周围插入一个 Cast，将其类型转换为 `int`。右操作数的情况类似。并不总是需要插入强制转换，例如，如果左操作数已经具有类型 `int`，则不需要 Cast。

有些隐式强制转换并不是那么简单，其中的一种情况出现在条件表达式中。在图 11.7 中，我们看到类型检查器要求两个分支具有一致的类型，并且条件表达式的类型满足分支的类型的集合。在目标语言 $\mathcal{L}_{\text{Cast}}$ 中，两个分支都需要具有相同的类型，并且该类型将是条件表达式的类型。因此，每个分支都需要一个 Cast 将其类型转换到分支类型的集合。

函数调用则展示了另一种有趣的情况。如果函数表达式的类型为 `Any`，则需要将其强制转换为函数类型，以便可以在 $\mathcal{L}_{\text{Cast}}$ 中的函数调用中使用。应该将其强制转换为哪个函数类型？参数和返回值的类型是未知的，因此我们可以简单地对它们使用 Any。此外，在 $\mathcal{L}_{\text{Cast}}$ 语言中，实参类型需要精确匹配形参类型，因此我们必须将所有实参强制转换为 Any 类型（如果它们还不是该类型）。

11.5 低层类型转换

通向 x86 之旅的下一步是 `lower_casts` 编译遍，它将 $\mathcal{L}_{\text{Cast}}$ 语言中的强制转换为较低层的 `Inject` 和 `Project` 操作符以及代理的新操作符，将 $\mathcal{L}_\lambda$ 语言扩展到 $\mathcal{L}_{\text{Proxy}}$。$\mathcal{L}_{\text{Proxy}}$ 语言也可以描述为 $\mathcal{L}_{\text{Any}}$ 语言的扩展，在其中添加了代理。我们建议创建一个名为 `lower_cast` 的辅助函数，该函数接受一个 $\mathcal{L}_{\text{Cast}}$ 中的表达式、源类型和目标类型，并将其转换为 $\mathcal{L}_{\text{Proxy}}$ 中的表达式。

函数 `lower_cast` 可以遵循类似于 $\mathcal{L}_{\text{Cast}}$ 语言解释器中使用的函数 `apply_cast` 的代码结构（图 11.13），因为它必须处理与 `apply_cast` 相同的情况，并且需要模仿 `apply_cast` 的行为。最有趣的情况涉及包含元组、数组和函数类型时的强制转换。

如 11.2 节所述，通过创建一个代理来拦截基础数组上的操作，可以完成从一种数组类型到另一种数组类型的转换。在这里，我们使用 `ListProxy` 的 AST 节点显式地创建代理。它需要五个参数：第一个是数组的表达式，第二个是函数，用于强制转换从数组中读取的元素，第三个也是函数，用于转换正在写入数组的元素，第四个是基础数组的类型，第五个是代理数组的类型。可以使用 lambda 表达式创建用于读取和写入的函数。

可以用类似的方式处理两个元组类型之间的转换。我们使用 `TupleProxy` 的 AST 节点创建代理。元组是不可变的，因此在写入期间不需要函数来强制转换值。因为元组中的每个槽都有一个单独的元素类型，所以在读取期间需要多个函数来强制转换：我们需要一个函数元组。此外，如下一节中所示，我们需要将这些元组与用户创建的元组区分开来，因此建议使用名为 `RawTuple` 而不是 `Tuple` 的新 AST 节点来创建函数的元组。图 11.15 显示了 `lower_casts` 编译遍在图 11.11 中所给的示例上的输出，该示例涉及将整数数组强制转换为 Any 数组。

通过生成参数和返回类型与目标函数类型匹配的 lambda 式，可以完成从一个函数类型到另一个函数类型的转换。lambda 的主体应将参数从目标类型转换为源类型（是的，反向的！函数在参数中是逆变的）。然后，调用基础函数，将结果从源返回类型强制转换为目标返回类型。图 11.16 显示了 `lower_casts` 编译遍在图 11.3 所给 map 示例上的输出。请注意，对 map 的调用中的 inc 参数包装在了 lambda 中。

```
def map_inplace(f : Callable[[int], int], v : list[Any]) -> void:
  i = 0
  while i != array_len(v):
    array_store(v, i, inject(f(project(array_load(v, i), int)), int))
    i = (i + 1)

def inc(x : int) -> int:
  return (x + 1)

def main() -> int:
  v = [0, 41]
  map_inplace(inc, array_proxy(v, list[int], list[Any]))
  print(array_load(v, 1))
  return 0
```

图 11.15 `lower_casts` 编译遍在图 11.11 中示例上的输出

```
def map(f : Callable[[int], int], v : tuple[int,int]) -> tuple[int,int]:
  return (f(v[0]), f(v[1]),)

def inc(x : any) -> any:
  return inject((project(x, int) + 1), int)

def main() -> int:
  t = map(lambda x: project(inc(inject(x, int)), int), (0, 41,))
  print(t[1])
  return 0
```

图 11.16 `lower_casts` 编译遍在图 11.3 中示例上的输出

11.6 区分代理

到目前为止，区分元组和元组代理的责任一直是解释器的工作。在 `differentiate_proxies` 编译遍中，我们将此职责转移到生成的代码。

我们首先设计输出语言 $\mathcal{L}_{POr}$。在 $\mathcal{L}_?$ 语言中，我们对实际元组和元组代理都使用 `TupleType` 类型。类似地，我们对数组和数组代理都使用列表类型。在 $\mathcal{L}_{POr}$ 语言中，我们回到 `TupleType` 类型的原始含义，仅为元组的类型，并引入一个新类型 `ProxyOrTupleType`，其值可以是实际元组或元组代理。同样，我们回到 `ListType` 类型的原始含义，用作数组类型，并引入一个新类型 `ProxyOrListType`，其值可以是数组或数组代理。这些新类型附带了一组新的基本操作。

元组代理表示为这样的元组：它包含基础元组和一个函数元组，其中的函数用于对从元组读取的元素进行强制转换。$\mathcal{L}_{POr}$ 语言包括以下 AST 类和原始函数。

- `InjectTuple`：此 AST 节点将元组标记为 `ProxyOrTupleType` 类型的值。
- `InjectTupleProxy`：该 AST 节点将元组代理标记为 `ProxyOrTupleType` 类

型的值。

- `is_tuple_proxy`：如果值是元组代理，则该原语返回 true；如果值是元组，则返回 false。
- `project_tuple`：将标记为 `ProxyOrTupleType` 的元组转换回元组。
- `proxy_tuple_len`：给定元组代理，返回基础元组的长度。
- `proxy_tuple_load`：给定元组代理，返回基础元组的第 i 个元素。

数组代理被表示成元组，它包含：基础数组；一个函数，用于对从数组中读取的元素进行强制转换；一个函数，用于对写入数组的元素进行强制转换。$\mathcal{L}_{\text{POr}}$ 语言包括以下 AST 类和原始函数。

- `InjectList`：该 AST 节点将数组标记为 `ProxyOrListType` 类型的值。
- `InjectListProxy`：该 AST 节点将数组代理标记为 `ProxyOrListType` 类型的值。
- `is_array_proxy`：如果值是数组代理，则返回 true；如果值是数组，则返回 false。
- `project_array`：将标记为 `ProxyOrListType` 的数组转换回数组。
- `proxy_array_len`：给定数组代理，返回基础数组的长度。
- `proxy_array_load`：给定数组代理，返回基础数组的第 i 个元素。
- `proxy_array_store`：给定数组代理，将值写入基础数组的第 i 个元素。

现在我们讨论将元组和数组与代理区分开来的转换。首先，对程序中的每个类型注释进行（递归地）转换，用 `ProxyOrTupleType` 替换 `TupleType`。接下来，在适当的位置插入 `ProxyOrTupleType` 操作的使用。例如，我们用 `InjectTuple` 包装每个元组创建。

```
Tuple(e₁, ..., eₙ)
⇒
InjectTuple(Tuple(e'₁, ..., e'ₙ))
```

我们在上一节中介绍的 RawTuple AST 节点不会被注入。

```
RawTuple(e₁, ..., eₙ)
⇒
Tuple(e'₁, ..., e'ₙ)
```

TupleProxy AST 转换如下：

```
TupleProxy(e₁, e₂, T₁, T₂)
⇒
InjectTupleProxy(Tuple(e'₁, e'₂, T'₁, T'₂))
```

我们将元素访问操作转换为条件表达式，这些条件表达式检查值是否是代理，然后分派给适当的代理元组操作或常规元组操作。注意，在元组的分支中，我们必须在读取元组之前应用 `project_tuple` 方法。

数组操作的转换与元组操作的转换类似。

11.7 揭示强制转换

回想一下，*tagof* 函数确定用于标识不同类型值的位，在 `reveal_casts` 编译遍中用于对 Project 的转换。`ProxyOrTupleType` 和 `ProxyOrListType` 两个类型可以映射为二进制形式的 010（十进制数 2）的类型标记，就像元组和数组类型一样。否则，唯一的其他更改就是添加复制新 AST 节点的情况。

11.8 闭包转换

需要更新转换类型注释的辅助函数，以处理 `ProxyOrTupleType` 和 `ProxyOrListType` 类型。此外，唯一的其他更改就是添加复制新 AST 节点的情况。

11.9 选择指令

回想一下，`select_instructions` 编译遍负责将原始操作向下转换为 x86 汇编指令。因此，我们需要将 `ProxyOrTupleType` 和 `ProxyOrListType` 上的新操作转换为 x86 指令。为此，我们需要回答的第一个问题是如何区分元组和元组代理，对于数组和数组代理也是如此。只需要一个位来完成这一点：使用在每个元组（参见图 7.8）或数组（7.9.1 节）前面的 64 位标记中的第 63 位。到目前为止，该位已设置为 0，因此对于 `InjectTuple` 原始函数，我们将其保留为这种方式。

```
Assign([lhs], InjectTuple(e₁))
⇒
movq e₁', lhs'
```

原始函数 `InjectList` 的转换也是一条传送指令。另一方面，`InjectTupleProxy` 方法将第 63 位设置为 1。

```
Assign([lhs], InjectTupleProxy(e₁))
⇒
movq e₁', %r11
movq (1 << 63), %rax
```

```
orq 0(%r11), %rax
movq %rax, 0(%r11)
movq %r11, lhs'
```

InjectListProxy 函数的转换应设置标记的第 63 位和第 62 位，以区分数组和元组。

原始函数 `is_tuple_proxy` 和 `is_array_proxy` 操作使用注入过程中精心隐藏的信息。它隔离第 63 位，以告知该值是否为代理。

```
Assign([lhs], Call(Name('is_tuple_proxy'), [e₁]))
⇒
movq e'₁, %r11
movq 0(%r11), %rax
sarq $63, %rax
andq $1, %rax
movq %rax, lhs'
```

`project_tuple` 和 `project_array` 操作很容易翻译，因此我们将其留给读者。

关于元组和数组的元素访问操作，运行时提供了实现它们的过程（它们是递归函数），因此这里只需要将这些元组操作转换为适当的函数调用。例如，下面是 `proxy_tuple_load` 操作的转换过程。

```
Assign([lhs], Call(Name('proxy_tuple_load'), [e₁, e₂]))
⇒
movq e'₁, %rdi
movq e'₂, %rsi
callq proxy_vector_ref
movq %rax, lhs'
```

我们将 `proxy_array_load` 操作转换为 `proxy_vecof_ref`，将 `proxy_array_store` 操作转换为 `proxy_vecof_set`，并将 `proxy_array_len` 操作转换为 `proxy_vecof_length`。

我们还有另一批操作要处理：对 Any 类型的操作。回想一下，当对 Any 类型的对象进行元素访问时，我们生成了 `any_load_unsafe` 函数，与此类似的还有 `any_store_unsafe` 和 `any_len`。在 10.10 节中，我们根据基础值是元组还是数组来为这些操作选择指令。但在当前设置中，基础值的类型为 ProxyOrTupleType 或 ProxyOrListType。我们添加了三个运行时函数来处理这一点：`proxy_vector_ref`、`proxy_vector_set` 和 `proxy_vector_length`，它们检查标记的第 62 位以确定值是否为代理，然后分派给适当的代码。因此 `any_load_unsafe` 可以转换如下。我们首先从标记值中投影基础值，然后在运行时调用 `proxy_vector_ref` 过程。

```
Assign([lhs], Call(Name('any_load_unsafe'), [e₁, e₂]))
⇒
movq ¬111, %rdi
andq e'₁, %rdi
movq e'₂, %rsi
callq proxy_vector_ref
movq %rax, lhs'
```

`any_store_unsafe` 和 `any_len` 两个运算符可以类似的方式转换。或者，你可以生成指令以公开函数 `proxy_vector_ref`、`proxy_vector_set` 和 `proxy_vector_length` 的代码。

习题 11.1 通过扩展和调整 $\mathcal{L}_\lambda$ 语言编译器来实现渐变类型语言 $\mathcal{L}_?$ 的编译器。创建 10 个新的部分类型测试程序。除了使用这些新程序进行测试外，还要在 $\mathcal{L}_\lambda$ 和 $\mathcal{L}_{\text{Dyn}}$ 语言的所有测试程序上测试编译器。有时，在 $\mathcal{L}_{\text{Dyn}}$ 程序上可能会出现类型检查错误，但可以通过插入一个 Any 类型的临时变量来调整它们，该变量是用会引起麻烦的表达式来初始化的。

图 11.17 概述了 $\mathcal{L}_?$ 语言编译所需要的各编译遍。

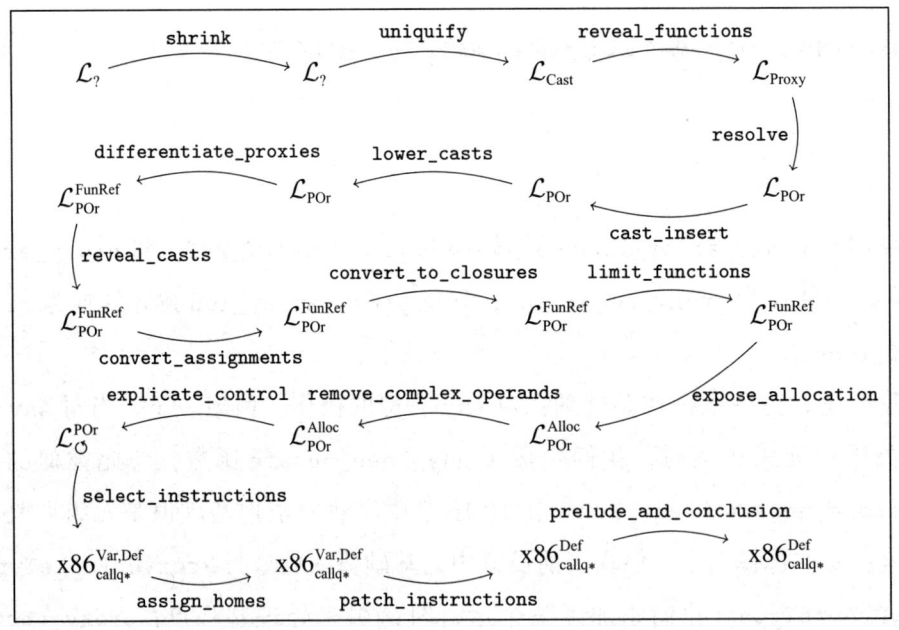

图 11.17　$\mathcal{L}_?$ 语言（渐变类型）的各编译遍

11.10　进一步阅读

本章只是浅尝辄止地介绍了渐变类型。这里描述的基本方法缺少渐变类型实现中需要的两个关键成分：责备跟踪（Tobin Hochstadt and Felleisen 2006；Wadler and Findler 2009）和节省空间的强制转换（Herman，Tomb，and Flanagan 2007，2010）。责备跟踪解决的问题是，当对高阶值的强制转换失败时，它通常在程序中远离原始强制转换的点处失败。责备跟踪是一种通过强制转换和代理传播附加信息的技术，以便在强制转换失败时，错误消息可以指向源程序中强制转换的原始位置。

节省空间的强制转换所解决的问题也与高阶强制转换有关。事实证明，在部分类型的程序中，函数或元组可以在运行时通过大量强制转换。使用本章中描述的方法，每个强制转换都会添加另一个 `lambda` 包装器或元组代理。这不仅占用了相当大的空间，而且还使函数调用和元组操作变慢。例如，在最坏的情况下，快速排序的部分类型版本可以围绕元组构建长度为 $O(n)$ 的代理链，从而将算法的整体时间复杂度从 $O(n^2)$ 升高到 $O(n^3)$！Herman、Tomb 和 Flanagan（2007）提出了一种解决该问题的方法，该方法使用 Henglein（1994）的强制演算来表示强制转换，该演算通过将代理压缩为简明范式来防止创建长链代理。Siek、Thiemann 和 Wadler（2015）给出了一个精简的强制转换算法，并且 Kuhlenschmidt、Almahallawi 和 Siek（2019）展示了如何在 Grift 编译器中实现这些思想：

https://github.com/Gradual-Typing/Grift

渐变类型和其他语言特征（如泛型、信息流类型和类型推理）之间也存在有趣的交互。我们向读者推荐在线渐变类型参考文献，以获取更多资料：

http://samth.github.io/gradual-typing-bib/

第 12 章

Essentials of Compilation: An Incremental Approach in Python

泛　　型

本章研究泛型（又名参数化多态）的编译，编译 Python 语言的子集 $\mathcal{L}_{\text{Gen}}$。泛型使程序员能够通过参数化函数和数据结构中所操作的类型，编写出更易于重用的代码。例如，图 12.1 回顾了 map 示例，这次给出了一个更合适的类型。这个 map 函数是根据元组的元素类型进行了参数化的。map 的类型是以下泛型类型，由 All 类型带参数 T 指定：

```
def map(f : Callable[[T],T], tup : tuple[T,T]) -> tuple[T,T]:
  return (f(tup[0]), f(tup[1]))

def add1(x : int) -> int:
  return x + 1

t = map(add1, (0, 41))
print(t[1])
```

图 12.1　map 函数的泛型版本

```
All[[T], Callable[[Callable[[T],T], tuple[T,T]], tuple[T,T]]]
```

它实现的思想是 map 可以用于参数 T 的所有类型选择。在图 12.1 的示例中，我们将 map 应用于整数元组，隐式地为 T 选择 int，但也可以将 map 应用于布尔元组。单态函数就是一个非泛型的函数。我们将术语实例化用于（在语言实现范围内）将泛型函数转换为单态函数的过程，其中类型参数已被实际类型所替换。

在 Python 中，当编写像 map 这样的泛型函数时，不需要显式地编写它的泛型类型（使用 All）。相反，通过在其参数的类型注释中使用类型变量（如 T），就可以暗示该函数是泛型的。

图 12.2 给出了 $\mathcal{L}_{\text{Gen}}$ 语言的具体语法定义，图 12.3 给出了其抽象语法定义。$\mathcal{L}_{\text{Gen}}$ 语言扩展类型语法包括泛型类型（All）和类型变量（抽象语法中的 GenericVar）。

```
exp    ::=  int | input_int() | - exp | exp + exp | exp - exp | (exp)
stmt   ::=  print(exp) | exp
exp    ::=  var
stmt   ::=  var = exp
cmp    ::=  == | != | < | <= | > | >=
exp    ::=  True | False | exp and exp | exp or exp | not exp
        |   exp cmp exp | exp if exp else exp
stmt   ::=  if exp: stmt⁺ else: stmt⁺
stmt   ::=  while exp: stmt⁺
cmp    ::=  is
exp    ::=  exp, ... ,exp | exp[int] | len(exp)
type   ::=  int | bool | void | tuple[type⁺] | Callable[[type, ...], type]
exp    ::=  exp(exp, ...)
stmt   ::=  return exp
def    ::=  def var(var:type, ...) -> type: stmt⁺
exp    ::=  lambda var, ... : exp | arity(exp)
stmt   ::=  var : type = exp
type   ::=  All[[var...],type] | var
𝓛_Gen  ::=  def... stmt ...
```

图 12.2 $\mathcal{L}_{\text{Gen}}$ 语言的具体语法，它扩展了 $\mathcal{L}_\lambda$ 语言（图 9.3）

```
exp    ::=  Constant(int) | Call(Name('input_int'),[])
        |   UnaryOp(USub(),exp) | BinOp(exp,Add(),exp)
        |   BinOp(exp,Sub(),exp)
stmt   ::=  Expr(Call(Name('print'),[exp])) | Expr(exp)
exp    ::=  Name(var)
stmt   ::=  Assign([Name(var)], exp)
boolop ::=  And() | Or()
cmp    ::=  Eq() | NotEq() | Lt() | LtE() | Gt() | GtE()
bool   ::=  True | False
exp    ::=  Constant(bool) | BoolOp(boolop,[exp,exp])
        |   UnaryOp(Not(),exp) | Compare(exp,[cmp],[exp])
        |   IfExp(exp,exp,exp)
stmt   ::=  If(exp, stmt⁺, stmt⁺)
stmt   ::=  While(exp, stmt⁺, [])
cmp    ::=  Is()
exp    ::=  Tuple(exp⁺,Load()) | Subscript(exp,Constant(int),Load())
        |   Call(Name('len'),[exp])
type   ::=  IntType() | BoolType() | VoidType() | TupleType[type⁺]
        |   FunctionType(type*, type)
exp    ::=  Call(exp, exp*)
stmt   ::=  Return(exp)
params ::=  (var,type)*
def    ::=  FunctionDef(var, params, stmt⁺, None, type, None)
exp    ::=  Lambda(var*, exp) | Call(Name('arity'), [exp])
stmt   ::=  AnnAssign(var, type, exp, 0)
type   ::=  AllType([var...],type) | GenericVar(var)
𝓛_Gen  ::=  Module([def... stmt ...])
```

图 12.3 $\mathcal{L}_{\text{Gen}}$ 语言的抽象语法，它扩展了 $\mathcal{L}_\lambda$ 语言（图 9.4）

通过在语法的非终结符 *type* 中包含 `All` 类型，我们将选择第一类泛型，这对编译器产生了有趣的影响⊖。由于许多具有泛型的语言，如 C++（Stroustrup 1988）和

⊖ Python 类型库不包括 `All` 类型的语法。对于类型注释包含类型变量的函数，它是推断出来的。

标准 ML（Milner, Tofte, and Harper 1990）只支持第二类泛型，因此查看一个真实的支持第一类泛型的示例可能会有所帮助。在图 12.4 中，定义了一个函数 `apply_twice`，它的形参是一个泛型函数。实际上，因为 *type* 的语法中包含 `All` 类型，泛型函数也可以从函数返回或存储在元组中。`apply_twice` 的函数体将泛型函数 `f` 应用于一个布尔值或是一个整数，而如果 `f` 不是泛型，这是不可能实现的。

```
def apply_twice(f : All[[U], Callable[[U],U]]) -> int:
  if f(True):
    return f(42)
  else:
    return f(777)

def id(x: T) -> T:
  return x

print(apply_twice(id))
```

图 12.4　第一类泛型示例

图 12.5 中显示的 $\mathcal{L}_{\text{Gen}}$ 语言的类型检查器增加了几个新的职责（与 $\mathcal{L}_\lambda$ 语言的相比），我们将在下面的段落中讨论。

```
def type_check_exp(self, e, env):
  match e:
    case Call(Name(f), args) if f in builtin_functions:
      return super().type_check_exp(e, env)
    case Call(func, args):
      func_t = self.type_check_exp(func, env)
      func.has_type = func_t
      match func_t:
        case AllType(ps, FunctionType(p_tys, rt)):
          for arg in args:
            arg.has_type = self.type_check_exp(arg, env)
          arg_tys = [arg.has_type for arg in args]
          deduced = {}
          for (p, a) in zip(p_tys, arg_tys):
            self.match_types(p, a, deduced, e)
          return self.substitute_type(rt, deduced)
        case _:
          return super().type_check_exp(e, env)
    case _:
      return super().type_check_exp(e, env)

def type_check(self, p):
  match p:
    case Module(body):
      env = {}
      for s in body:
        match s:
```

图 12.5　$\mathcal{L}_{\text{Gen}}$ 语言的类型检查器

```
                case FunctionDef(name, params, bod, dl, returns, comment):
                    params_t = [t for (x,t) in params]
                    ty_params = set()
                    for t in params_t:
                        ty_params |= self.generic_variables(t)
                    ty = FunctionType(params_t, returns)
                    if len(ty_params) > 0:
                        ty = AllType(list(ty_params), ty)
                    env[name] = ty
            self.check_stmts(body, IntType(), env)
            case _:
                raise Exception('type_check: unexpected ' + repr(p))
```

图 12.5 $\mathcal{L}_{\text{Gen}}$ 语言的类型检查器（续）

关于函数定义，如果其参数上的类型注释包含泛型变量，则该函数是泛型的，因此它的类型是包裹在函数类型之外的 All 类型。否则，函数是单态的，它的类型只是一个函数类型。

函数应用程序的类型检查需要进行扩展，以便处理运算符表达式是泛型函数的情况。在这种情况下，可以通过将形参的类型与实参的类型匹配来推断类型实参。match_types 辅助函数（图 12.6）对语法树以递归下降方式来完成推断，比较形参类型 param_ty 和相应的实参类型 arg_ty，确保它们相等，除非在形参类型中有类型参数。在第一次遇到类型形参时，算法推导出类型形参与实参类型对应部分的关联。如果不是第一次遇到类型形参，则算法查找其已推导出的类型，并确保它等于变量类型的相应部分。应用程序的返回类型是泛型函数的返回类型，类型参数由推导出来的类型变量替换，使用的是 substitute_type 辅助函数，图 12.6 中也列出了这个辅助函数。

```
def match_types(self, param_ty, arg_ty, deduced, e):
  match (param_ty, arg_ty):
    case (GenericVar(id), _):
      if id in deduced:
        self.check_type_equal(arg_ty, deduced[id], e)
      else:
        deduced[id] = arg_ty
    case (AllType(ps, ty), AllType(arg_ps, arg_ty)):
      rename = {ap:p for (ap,p) in zip(arg_ps, ps)}
      new_arg_ty = self.substitute_type(arg_ty, rename)
      self.match_types(ty, new_arg_ty, deduced, e)
    case (TupleType(ps), TupleType(ts)):
      for (p, a) in zip(ps, ts):
        self.match_types(p, a, deduced, e)
    case (ListType(p), ListType(a)):
      self.match_types(p, a, deduced, e)
```

图 12.6 $\mathcal{L}_{\text{Gen}}$ 语言类型检查辅助函数

```
      case (FunctionType(pps, prt), FunctionType(aps, art)):
        for (pp, ap) in zip(pps, aps):
          self.match_types(pp, ap, deduced, e)
        self.match_types(prt, art, deduced, e)
      case (IntType(), IntType()):
        pass
      case (BoolType(), BoolType()):
        pass
      case _:
        raise Exception('mismatch: ' + str(param_ty) + '\n!= ' + str(arg_ty))

def substitute_type(self, ty, var_map):
  match ty:
    case GenericVar(id):
      return var_map[id]
    case AllType(ps, ty):
      new_map = copy.deepcopy(var_map)
      for p in ps:
        new_map[p] = GenericVar(p)
      return AllType(ps, self.substitute_type(ty, new_map))
    case TupleType(ts):
      return TupleType([self.substitute_type(t, var_map) for t in ts])
    case ListType(ty):
      return ListType(self.substitute_type(ty, var_map))
    case FunctionType(pts, rt):
      return FunctionType([self.substitute_type(p, var_map) for p in pts],
                          self.substitute_type(rt, var_map))
    case IntType():
      return IntType()
    case BoolType():
      return BoolType()
    case _:
      raise Exception('substitute_type: unexpected ' + repr(ty))

def check_type_equal(self, t1, t2, e):
  match (t1, t2):
    case (AllType(ps1, ty1), AllType(ps2, ty2)):
      rename = {p2: GenericVar(p1) for (p1,p2) in zip(ps1,ps2)}
      return self.check_type_equal(ty1, self.substitute_type(ty2, rename), e)
    case (_, _):
      return super().check_type_equal(t1, t2, e)
```

图 12.6　$\mathcal{L}_{\text{Gen}}$ 语言类型检查辅助函数（续）

$\mathcal{L}_{\text{Gen}}$ 语言的类型检查器扩展了类型的相等性以处理 All 类型。这并不像其他类型（如函数和元组类型）那么简单，因为两个 All 类型在语法上可能不同，即使它们是等价的。例如，

All[[T], Callable[[T], T]]

等价于

All[[U], Callable[[U], U]].

如果两个泛型类型仅在类型参数名称的选择上不同，则它们是相等的。图 12.6 所示的类型相等定义重命名一个类型中的类型参数，以匹配另一个类型的类型参数。

12.1 编译泛型

一般来说，编译泛型有以下四种方法：

- 单态。为使用它的每一组类型参数生成一个不同版本的泛型函数，从而生成类型专门化的代码。这种方法产生最高效的代码，但需要整个程序编译（而不是单独编译），并且可能增加代码大小。不幸的是，单态与第一类泛型不兼容，因为在编译期间并不总是能够确定哪些泛型函数与哪些类型参数一起使用（它可以在运行时通过即时编译完成）。单态化用于编译 C++ 模板（Stroustrup 1988）、NESL（Blelloch et al. 1993）和 ML（Weeks 2006）中的泛型函数。

- 统一表示。生成每个泛型函数的一个版本，并要求所有值具有通用的装箱格式，例如 $\mathcal{L}_{Any}$ 语言中 Any 类型的标记值。泛型和单态代码的编译方式与动态类型语言（如 $\mathcal{L}_{Dyn}$）中的代码类似。在动态类型语言中，基本运算符要求将其参数从 Any 中投影出来，并将其结果注入 Any 中。（在面向对象语言中，投影是通过虚拟方法分发来完成的。）统一表示方法与单独编译和第一类泛型兼容。然而，它产生的代码效率最低，因为它在整个程序中引入了开销。这种方法在 Java（Bracha et al. 1998）、CLU（Liskov et al. 1979；Liskov 1993）以及 ML 的一些实现（Cardelli 1984；Appel and MacQueen 1987）中采用。

- 混合表示。生成每个泛型函数的一个版本，使用类型变量的装箱表示。然而，单态代码像往常一样编译（如在 $\mathcal{L}_\lambda$ 语言中），并且在单态代码和多态代码之间的边界执行转换（例如，在实例化和调用泛型函数时）。这种方法与单独的编译和第一类泛型兼容，并且在单态代码中也保持了高效率。这种权衡增加了单态代码和泛型代码之间边界的开销。这种方法用于 ML（Leroy 1992）和 Java 语言的实现中，Java 语言自 Java 5 开始添加了自动装箱功能。

- 类型传递。在单态和泛型代码中都使用了未装箱表示。每个泛型函数被编译成一个单独的函数，带有描述类型实参的额外形参。生成的代码使用类型信息来确定如何在运行时访问未装箱的值。这种方法被用于 Napier88（Morrison et al. 1991）和 ML（Harper and Morrisett 1995）语言中的实现。类型传递与单独的编译和第一类泛型兼容，并保持单态代码的效率。在多态代码中，对类型信息进行分发会带来运行时开销。

在本章中，我们使用混合表示方法实现泛型，一部分原因是该方法的有利属性，另外一部分原因是在我们已经构建的支持渐变类型化的工具之下，实现泛型是简单直接的工作。编译泛型函数的工作分两个编译遍，resolve 和 erase_types，我们将在下面讨论。erase_types 编译遍的输出是 $\mathcal{L}_{\text{Cast}}$ 语言（见 11.4 节），因此编译的其余部分可由第 11 章中的编译器处理。

12.2 解析实例化

回想一下，$\mathcal{L}_{\text{Gen}}$ 语言的类型检查器将对泛型函数在调用点的类型变量进行推断。resolve 编译遍的目的是通过向中间语言的语法中添加 inst 节点，将这种隐式实例化转换为显式实例化。inst 节点记录由类型变量到类型实参的映射。inst 节点的语义是实例化它的第一个参数（一个泛型函数）的结果，以产生一个单态函数。但是，由于解释器从不去分析类型注释，因此实例化可以是无操作的，仅仅返回泛型函数。resolve 编译遍的输出语言是 $\mathcal{L}_{\text{Inst}}$，该语言的抽象语法定义如图 12.7 所示。

exp	::=	Constant(*int*) | Call(Name('input_int'),[])
	|	UnaryOp(USub(),*exp*) | BinOp(*exp*,Add(),*exp*)
	|	BinOp(*exp*,Sub(),*exp*)
stmt	::=	Expr(Call(Name('print'),[*exp*])) | Expr(*exp*)
exp	::=	Name(*var*)
stmt	::=	Assign([Name(*var*)], *exp*)
boolop	::=	And() | Or()
cmp	::=	Eq() | NotEq() | Lt() | LtE() | Gt() | GtE()
bool	::=	True | False
exp	::=	Constant(*bool*) | BoolOp(*boolop*,[*exp*,*exp*])
	|	UnaryOp(Not(),*exp*) | Compare(*exp*,[*cmp*],[*exp*])
	|	IfExp(*exp*,*exp*,*exp*)
stmt	::=	If(*exp*, *stmt*$^+$, *stmt*$^+$)
stmt	::=	While(*exp*, *stmt*$^+$, [])
cmp	::=	Is()
exp	::=	Tuple(*exp*$^+$,Load()) | Subscript(*exp*,Constant(*int*),Load())
	|	Call(Name('len'),[*exp*])
type	::=	IntType() | BoolType() | VoidType() | TupleType[*type*$^+$]
	|	FunctionType(*type**, *type*)
exp	::=	Call(*exp*, *exp**)
stmt	::=	Return(*exp*)
params	::=	(*var*,*type*)*
def	::=	FunctionDef(*var*, *params*, *stmt*$^+$, None, *type*, None)
exp	::=	Lambda(*var**, *exp*) | Call(Name('arity'), [*exp*])
stmt	::=	AnnAssign(*var*, *type*, *exp*, 0)
type	::=	AllType([*var*...],*type*) | *var*
exp	::=	Inst(*exp*, {*var*:*type*...})
$\mathcal{L}_{\text{Inst}}$	::=	Module([*def*...*stmt*...])

图 12.7 $\mathcal{L}_{\text{Inst}}$ 语言的抽象语法，它扩展了 $\mathcal{L}_\lambda$ 语言（图 9.4）

图 12.8 列出了泛型映射示例的泛型 resolve 编译遍的输出。注意，map 函数的使用被封装在 inst 节点中，并且参数 T 被选择为 int。

```
def map(f : Callable[[T],T], tup : tuple[T,T]) -> tuple[T,T]:
    return (f(tup[0]), f(tup[1]))

def add1(x : int) -> int:
    return x + 1

t = inst(map, {T: int})(add1, (0, 41))
print(t[1])
```

图 12.8 map 例子 resolve 编译遍的输出

12.3 擦除泛型类型

我们使用第 10 章中介绍的 Any 类型来表示类型变量。例如，图 12.9 显示了泛型 map 上的 erase_types 编译遍的输出（图 12.1）。该泛型中出现的类型参数 T 被替换为 Any，泛型 All 类型被从映射类型中删除。

这种类型擦除过程在实例化的节点上产生了挑战。例如，考虑图 12.8 所示的 map 实例化。map 的类型是

All[[T], Callable[[Callable[[T], T], tuple[T, T]], tuple[T, T]]]

它被实例化为

Callable[[Callable[[int], int], tuple[int, int]], tuple[int, int]]

类型擦除后，map 的类型为

Callable[[Callable[[Any], Any], tuple[Any, Any]], tuple[Any, Any]]

但是我们需要将其转换为实例化的类型。这在 $\mathcal{L}_{\text{Cast}}$ 语言中很容易实现，只需用 cast 进行一次强制转换。在图 12.9 所示的例子中，map 的实例化已被编译成为从 map 类型到实例化类型的一个类型强制转换。强制转换的源类型和目标类型必须是一致的（图 11.4），确实如此，因为源和目标都是从同一个泛型映射类型获得的，前者用 Any 替换类型的形参，后者用推导出的类型实参替换类型形参。（回想一下，Any 类型与任何类型语义上都是一致的。）

```
def map(f : Callable[[Any],Any], tup : tuple[Any,Any])-> tuple[Any,Any]:
  return (f(tup[0]), f(tup[1]))

def add1(x : int) -> int:
  return (x + 1)

def main() -> int:
  t = cast(map, T₁, T₂)(add1, (0, 41))
  print(t[1])
  return 0

where
T₁ = Callable[[Callable[[Any], Any],tuple[Any,Any]], tuple[Any,Any]]
T₂ = Callable[[Callable[[int], int],tuple[int,int]], tuple[int,int]]
```

图 12.9　类型擦除后的泛型 map 示例

为了实现 erase_types 编译遍，我们建议首先定义一个递归函数来进行类型转换，将其命名为 erase_type。它将类型变量替换为 Any，如下所示。

GenericVar (T)
⇒
Any

erase_type 函数还移除了泛型 All 类型。

AllType (xs, T_1)
⇒
T_1'

其中 T_1' 是对类型 T_1 应用 erase_type 函数的结果。在此编译遍中，将 erase_type 函数应用于程序中的所有类型注释。

关于表达式的转换，Inst 的情形是一个有趣的例子。我们将其转换为 Cast，如下所示。子表达式 e 的类型是 AllType(xs, T) 形式的泛型类型。强制转换的源类型是 T 的擦除，即类型 T_s。目标类型 T_t 是在 T 中替换推导出的参数类型 d，然后执行类型擦除的结果。

Inst(e, d)
⇒
Cast(e', T_s, T_t)

其中，T_t = erase_type(substitute_type(d, T))。

最后，将每个泛型函数转换为一个常规函数，其中类型擦除已应用于所有类型注释和函数体中。

习题 12.1 通过扩展和调整你的 $\mathcal{L}_?$ 语言编译器来实现多态语言 $\mathcal{L}_{\text{Gen}}$ 的编译器。创建六个使用多态函数的新测试程序。其中一些程序应该使用第一类泛型。

图 12.10 给出了编译泛型语言 $\mathcal{L}_{\text{Gen}}$ 的各编译遍。

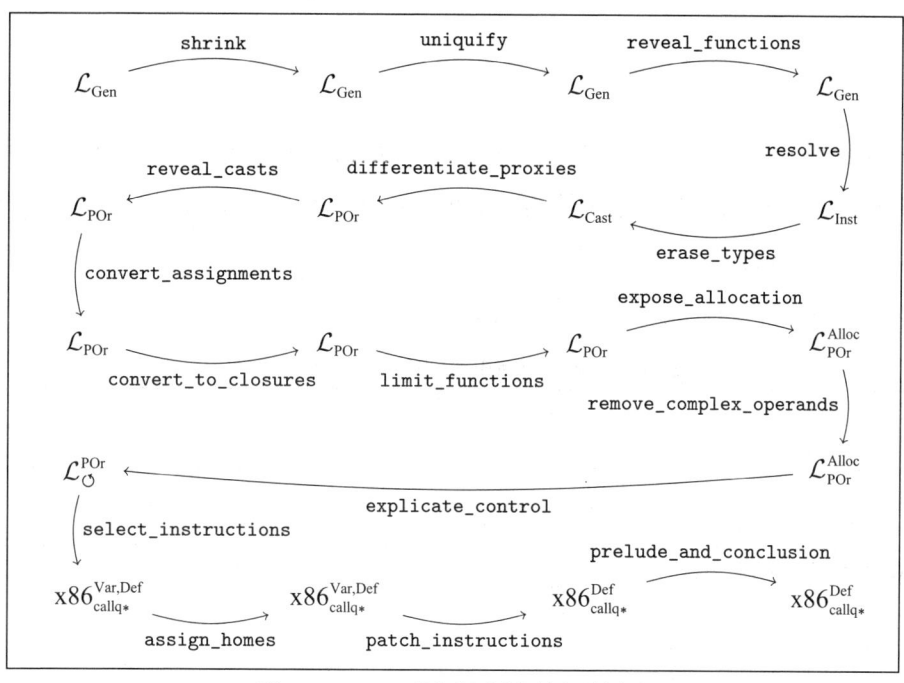

图 12.10 $\mathcal{L}_{\text{Gen}}$（泛型）语言的各编译遍

附录
Essentials of Compilation: An Incremental Approach in Python

x86 指令集快速参考

表 A.1 列出了一些 x86 指令及其作用。我们写 $A \to B$ 意味着 A 的值被写入位置 B。地址偏移量以字节为单位给出。指令参数 A，B，C 可以是立即常数（如 $4）、寄存器（例如 %rax）或内存引用（例如 -4(%ebp)）。大多数 x86 指令的每条指令最多允许一个内存引用，其他操作数必须是立即数或寄存器。

表 A.1 本书中使用的 x86 指令的快速参考

指令	操作
addq A, B	$A + B \to B$
negq A	$-A \to A$
subq A, B	$B - A \to B$
imulq A, B	$A \times B \to B$
callq L	压返回地址入栈并跳转到标签 L
callq *A	调用地址 A 的函数
retq	弹出返回地址并跳转到该地址
popq A	*rsp $\to A$; rsp + 8 $\to$ rsp
pushq A	rsp - 8 $\to$ rsp; $A \to$ *rsp
leaq A, B	$A \to B$（B 必须是一个寄存器）
cmpq A, B	比较 A 和 B 并设置标志寄存器（B 不能是立即数）
je L jl L jle L jg L jge L	如果标志寄存器与指令的条件码匹配，则跳到标签 L；否则，执行下一条指令。条件代码 e 表示等于，l 表示小于，le 表示小于或等于，g 表示大于，ge 表示大于或等于
jmp L	跳转到标签 L
movq A, B	$A \to B$
movzbq A, B	$A \to B$，其中 A 是单字节寄存器（例如，al 或 cl），B 是 8 字节寄存器，B 的其他字节被设置为零
notq A	$-A \to A$（逐位求反）
orq A, B	$A|B \to B$（逐位或）
andq A, B	$A \& B \to B$（逐位与）
salq A, B	$B \ll A \to B$（算术左移，其中 A 是常数）
sarq A, B	$B \gg A \to B$（算术右移，其中 A 是常数）

(续)

指令	操作
sete A setl A setle A setg A setge A	如果标志与条件代码匹配，则 $1 \rightarrow A$；否则 $0 \rightarrow A$。有关条件代码的描述，请参考 je 指令。其中 A 必须是单字节寄存器（例如，al 或 cl）

参考文献

Abelson, Harold, and Gerald J. Sussman. 1996. *Structure and Interpretation of Computer Programs*. 2nd edition. MIT Press.

Aho, Alfred V., Monica S. Lam, Ravi Sethi, and Jeffrey D. Ullman. 2006. *Compilers: Principles, Techniques, and Tools*. 2nd edition. Addison-Wesley Longman.

Allen, Frances E. 1970. "Control Flow Analysis." In *Proceedings of a Symposium on Compiler Optimization*, 1–19. Association for Computing Machinery.

Anderson, Christopher, and Sophia Drossopoulou. 2003. "BabyJ: From Object Based to Class Based Programming via Types." *Electron. Notes Theor. Comput. Sci.* 82 (8): 53–81.

Anderson, T., J. Eve, and J. Horning. 1973. "Efficient LR(1) Parsers." *Acta Informatica* 2:2–39.

Appel, Andrew W. 1989. "Runtime Tags Aren't Necessary." *LISP and Symbolic Computation* 2 (2): 153–162.

Appel, Andrew W. 1990. "A Runtime System." *LISP and Symbolic Computation* 3 (4): 343–380.

Appel, Andrew W. 1991. *Compiling with Continuations*. Cambridge University Press.

Appel, Andrew W., and David B. MacQueen. 1987. "A Standard ML Compiler." In *Functional Programming Languages and Computer Architecture*, 301–324. Springer.

Appel, Andrew W., and Jens Palsberg. 2003. *Modern Compiler Implementation in Java*. Cambridge University Press.

Backus, J. W., F. L. Bauer, J. Green, C. Katz, J. McCarthy, A. J. Perlis, H. Rutishauser, et al. 1960. "Report on the Algorithmic Language ALGOL 60." Edited by Peter Naur. *Commun. ACM* 3 (5): 299–314.

Backus, John. 1978. "The History of Fortran I, II, and III." In *History of Programming Languages*, 25–74. Association for Computing Machinery.

Baker, J., A. Cunei, T. Kalibera, F. Pizlo, and J. Vitek. 2009. "Accurate Garbage Collection in Uncooperative Environments Revisited." *Concurr. Comput.: Pract. Exper.* 21 (12): 1572–1606.

Balakrishnan, V. K. 1996. *Introductory Discrete Mathematics*. Dover.

Barry, Paul. 2016. *Head First Python*. O'Reilly.

Blackburn, Stephen M., Perry Cheng, and Kathryn S. McKinley. 2004. "Myths and Realities: The Performance Impact of Garbage Collection." In *Proceedings of the Joint International Conference on Measurement and Modeling of Computer Systems, SIGMETRICS '04/Performance '04*, 25–36. Association for Computing Machinery.

Blelloch, Guy E., Jonathan C. Hardwick, Siddhartha Chatterjee, Jay Sipelstein, and Marco Zagha. 1993. "Implementation of a Portable Nested Data-Parallel Language." In *Proceedings of the Fourth ACM SIGPLAN Symposium on Principles and Practice of Parallel Programming, PPOPP '93*, 102–111. Association for Computing Machinery.

Bracha, Gilad, Martin Odersky, David Stoutamire, and Philip Wadler. 1998. "Making the Future Safe for the Past: Adding Genericity to the Java Programming Language." In *Proceedings of the 13th ACM SIGPLAN Conference on Object-Oriented Programming, Systems, Languages, and Applications, OOPSLA '98*, 183–200. Association for Computing Machinery.

Brélaz, Daniel. 1979. "New Methods to Color the Vertices of a Graph." *Commun. ACM* 22 (4): 251–256.

Briggs, Preston, Keith D. Cooper, and Linda Torczon. 1994. "Improvements to Graph Coloring Register Allocation." *ACM Trans. Program. Lang. Syst.* 16 (3): 428–455.

Bryant, Randal, and David O'Hallaron. 2005. *x86-64 Machine-Level Programming*. Carnegie Mellon University.

Bryant, Randal, and David O'Hallaron. 2010. *Computer Systems: A Programmer's Perspective*. 2nd edition. Addison-Wesley.

Cardelli, Luca. 1983. *The Functional Abstract Machine*. Technical report TR-107. AT&T Bell Laboratories.

Cardelli, Luca. 1984. "Compiling a Functional Language." In *ACM Symposium on LISP and Functional Programming, LFP '84*, 208–221. Association for Computing Machinery.

Cardelli, Luca, and Peter Wegner. 1985. "On Understanding Types, Data Abstraction, and Polymorphism." *ACM Comput. Surv.* 17 (4): 471–523.

Chaitin, G. J. 1982. "Register Allocation & Spilling via Graph Coloring." In *SIGPLAN '82: Proceedings of the 1982 SIGPLAN Symposium on Compiler Construction*, 98–105. Association for Computing Machinery.

Chaitin, Gregory J., Marc A. Auslander, Ashok K. Chandra, John Cocke, Martin E. Hopkins, and Peter W. Markstein. 1981. "Register Allocation via Coloring." *Computer Languages* 6:47–57.

Cheney, C. J. 1970. "A Nonrecursive List Compacting Algorithm." *Commun. of the ACM* 13 (11).

Chow, Frederick, and John Hennessy. 1984. "Register Allocation by Priority-Based Coloring." In *Proceedings of the 1984 SIGPLAN Symposium on Compiler Construction*, 222–232. Association for Computing Machinery.

Church, Alonzo. 1932. "A Set of Postulates for the Foundation of Logic." *Ann. Math.*, Second Series, 33 (2): 346–366.

Clarke, Keith. 1989. "One-Pass Code Generation Using Continuations." *Softw. Pract. Exper.* 19 (12): 1175–1192.

Collins, George E. 1960. "A Method for Overlapping and Erasure of Lists." *Commun. ACM* 3 (12): 655–657.

Cooper, Keith, and Linda Torczon. 2011. *Engineering a Compiler*. 2nd edition. Morgan Kaufmann.

Cooper, Keith D., and L. Taylor Simpson. 1998. "Live Range Splitting in a Graph Coloring Register Allocator." In *Compiler Construction: Proceedings of the 7th International Conference, CC '98, Held as Part of the Joint European Conferences on Theory and Practice of Software, ETAPS '98*. Lecture Notes in Computer Science 1383. Springer.

Cormen, Thomas H., Clifford Stein, Ronald L. Rivest, and Charles E. Leiserson. 2001. *Introduction to Algorithms*. McGraw-Hill Higher Education.

Cutler, Cody, and Robert Morris. 2015. "Reducing Pause Times with Clustered Collection." In *Proceedings of the 2015 International Symposium on Memory Management, ISMM '15*, 131–142. Association for Computing Machinery.

Danvy, Olivier. 1991. *Three Steps for the CPS Transformation*. Technical report CIS-92-02. Kansas State University.

Danvy, Olivier. 2003. "A New One-Pass Transformation into Monadic Normal Form." In *Compiler Construction: Proceedings of the 12th International Conference, CC '03, Held as Part of the Joint European Conferences on Theory and Practice of Software, ETAPS '03*. Lecture Notes in Computer Science 2622, 77–89. Springer.

DeRemer, Frank. 1969. "Practical Translators for LR(k) Languages." PhD diss., MIT.

Detlefs, David, Christine Flood, Steve Heller, and Tony Printezis. 2004. "Garbage-First Garbage Collection." In *Proceedings of the 4th International Symposium on Memory Management, ISMM '04*, 37–48. Association for Computing Machinery.

Dieckmann, Sylvia, and Urs Hölzle. 1999. "A Study of the Allocation Behavior of the SPECjvm98 Java Benchmark." In *Proceedings of the 13th European Conference on Object-Oriented Programming, ECOOP 1999*, Lecture Notes in Computer Science 1628, 92–115. Springer.

Dijkstra, E. W. 1982. *Why Numbering Should Start at Zero*. Technical report EWD831. University of Texas at Austin.

Diwan, Amer, Eliot Moss, and Richard Hudson. 1992. "Compiler Support for Garbage Collection in a Statically Typed Language." In *Proceedings of the ACM SIGPLAN 1992 Conference on Programming Language Design and Implementation, PLDI '92*, 273–282. Association for Computing Machinery.

Dunfield, Jana, and Neel Krishnaswami. 2021. "Bidirectional Typing." *ACM Comput. Surv.* 54 (5).

Dybvig, R. Kent. 1987a. *The Scheme Programming Language*. Prentice Hall.

Dybvig, R. Kent. 1987b. "Three Implementation Models for Scheme." PhD diss., University of North Carolina at Chapel Hill.

Dybvig, R. Kent. 2006. "The Development of Chez Scheme." In *Proceedings of the Eleventh ACM SIGPLAN International Conference on Functional Programming, ICFP '06*, 1–12. Association for Computing Machinery.

Dybvig, R. Kent, and Andrew Keep. 2010. *P523 Compiler Assignments*. Technical report. Indiana University.

Earley, Jay. 1970. "An efficient context-free parsing algorithm." *Commun. ACM* 13 (2): 94–102.

Felleisen, Matthias, M.D. Barski Conrad, David Van Horn, and Eight Students of Northeastern University. 2013. *Realm of Racket: Learn to Program, One Game at a Time!* No Starch Press.

Felleisen, Matthias, Robert Bruce Findler, Matthew Flatt, and Shriram Krishnamurthi. 2001. *How to Design Programs: An Introduction to Programming and Computing*. MIT Press.

Fischer, Michael J. 1972. "Lambda Calculus Schemata." In *Proceedings of ACM Conference on Proving Assertions about Programs*, 104–109. Association for Computing Machinery.

Flanagan, Cormac. 2006. "Hybrid Type Checking." In *Proceedings of the 33rd ACM SIGPLAN-SIGACT Symposium on Principles of Programming Languages, POPL '06*, 245–256. Association for Computing Machinery.

Flanagan, Cormac, Amr Sabry, Bruce F. Duba, and Matthias Felleisen. 1993. "The Essence of Compiling with Continuations." In *Proceedings of the ACM SIGPLAN 1993 Conference on Programming Language Design and Implementation, PLDI '93*, 502–514. Association for Computing Machinery.

Flatt, Matthew, Caner Derici, R. Kent Dybvig, Andrew W. Keep, Gustavo E. Massaccesi, Sarah Spall, Sam Tobin-Hochstadt, and Jon Zeppieri. 2019. "Rebuilding Racket on Chez Scheme (Experience Report)." *Proc. ACM Program. Lang., ICFP (August)* 3:1–15.

Flatt, Matthew, Robert Bruce Findler, and PLT. 2014. *The Racket Guide*. Technical report 6.0. PLT.

Flatt, Matthew, and PLT. 2014. *The Racket Reference 6.0*. Technical report. PLT. https://docs.racket-lang.org/reference/index.html.

Friedman, Daniel P., and Matthias Felleisen. 1996. *The Little Schemer*. 4th edition. MIT Press.

Friedman, Daniel P., Mitchell Wand, and Christopher T. Haynes. 2001. *Essentials of Programming Languages*. 2nd edition. MIT Press.

Friedman, Daniel P., and David S. Wise. 1976. *Cons Should Not Evaluate Its Arguments*. Technical report TR44. Indiana University.

Gamari, Ben, and Laura Dietz. 2020. "Alligator Collector: A Latency-Optimized Garbage Collector for Functional Programming Languages." In *Proceedings of the 2020 ACM SIGPLAN International Symposium on Memory Management, ISMM '20*, 87–99. Association for Computing Machinery.

George, Lal, and Andrew W. Appel. 1996. "Iterated Register Coalescing." *ACM Trans. Program. Lang. Syst.* 18 (3): 300–324.

Ghuloum, Abdulaziz. 2006. "An Incremental Approach to Compiler Construction." In *Scheme '06: Proceedings of the Workshop on Scheme and Functional Programming.* http://www.schemeworkshop.org/2006/.

Gilray, Thomas, Steven Lyde, Michael D. Adams, Matthew Might, and David Van Horn. 2016. "Pushdown Control-Flow Analysis for Free." In *Proceedings of the 43rd Annual ACM SIGPLAN-SIGACT Symposium on Principles of Programming Languages, POPL '16,* 691–704. Association for Computing Machinery.

Goldberg, Benjamin. 1991. "Tag-free Garbage Collection for Strongly Typed Programming Languages." In *Proceedings of the ACM SIGPLAN 1991 Conference on Programming Language Design and Implementation, PLDI '91,* 165–176. Association for Computing Machinery.

Gordon, M., R. Milner, L. Morris, M. Newey, and C. Wadsworth. 1978. "A Metalanguage for Interactive Proof in LCF." In *Proceedings of the 5th ACM SIGACT-SIGPLAN Symposium on Principles of Programming Languages, POPL '78,* 119–130. Association for Computing Machinery.

Gronski, Jessica, Kenneth Knowles, Aaron Tomb, Stephen N. Freund, and Cormac Flanagan. 2006. "Sage: Hybrid Checking for Flexible Specifications." In *Scheme '06: Proceedings of the Workshop on Scheme and Functional Programming,* 93–104. http://www.schemeworkshop.org/2006/.

Harper, Robert. 2016. *Practical Foundations for Programming Languages.* 2nd edition. Cambridge University Press.

Harper, Robert, and Greg Morrisett. 1995. "Compiling Polymorphism Using Intensional Type Analysis." In *Proceedings of the 22nd ACM SIGPLAN-SIGACT Symposium on Principles of Programming Languages, POPL '95,* 130–141. Association for Computing Machinery.

Hatcliff, John, and Olivier Danvy. 1994. "A Generic Account of Continuation-Passing Styles." In *Proceedings of the 21st ACM SIGPLAN-SIGACT Symposium on Principles of Programming Languages, POPL '94,* 458–471. Association for Computing Machinery.

Henderson, Fergus. 2002. "Accurate Garbage Collection in an Uncooperative Environment." In *Proceedings of the 3rd International Symposium on Memory Management, ISMM '02,* 150–156. Association for Computing Machinery.

Henglein, Fritz. 1994. "Dynamic Typing: Syntax and Proof Theory." *Science of Computer Programming* 22 (3): 197–230.

Herman, David, Aaron Tomb, and Cormac Flanagan. 2007. "Space-Efficient Gradual Typing." In *Trends in Functional Programming, TFP '07.*

Herman, David, Aaron Tomb, and Cormac Flanagan. 2010. "Space-Efficient Gradual Typing." *Higher-Order and Symbolic Computation* 23 (2): 167–189.

Hopcroft, John, Rajeev Motwani, and Jeffrey Ullman. 2006. *Introduction to Automata Theory, Languages, and Computation.* Pearson.

Horwitz, L. P., R. M. Karp, R. E. Miller, and S. Winograd. 1966. "Index Register Allocation." *J. ACM* 13 (1): 43–61.

Intel. 2015. *Intel 64 and IA-32 Architectures Software Developer's Manual Combined Volumes: 1, 2A, 2B, 2C, 3A, 3B, 3C and 3D.*

Jacek, Nicholas, and J. Eliot B. Moss. 2019. "Learning When to Garbage Collect with Random Forests." In *Proceedings of the 2019 ACM SIGPLAN International Symposium on Memory Management, ISMM '19,* 53–63. Association for Computing Machinery.

Johnson, Stephen C. 1979. "YACC: Yet Another Compiler-Compiler." In *UNIX Programmer's Manual,* 2:353–387. Holt, Rinehart, and Winston.

Jones, Neil D., Carsten K. Gomard, and Peter Sestoft. 1993. *Partial Evaluation and Automatic Program Generation.* Prentice Hall.

Jones, Richard, Antony Hosking, and Eliot Moss. 2011. *The Garbage Collection Handbook: The Art of Automatic Memory Management.* Chapman & Hall/CRC.

Jones, Richard, and Rafael Lins. 1996. *Garbage Collection: Algorithms for Automatic Dynamic Memory Management.* John Wiley & Sons.

Keep, Andrew W. 2012. "A Nanopass Framework for Commercial Compiler Development." PhD diss., Indiana University.

Keep, Andrew W., Alex Hearn, and R. Kent Dybvig. 2012. "Optimizing Closures in O(0)-time." In *Scheme '12: Proceedings of the Workshop on Scheme and Functional Programming.* Association for Computing Machinery.

Kelsey, R., W. Clinger, and J. Rees, eds. 1998. "Revised[5] Report on the Algorithmic Language Scheme." *Higher-Order and Symbolic Computation* 11 (1).

Kempe, A. B. 1879. "On the Geographical Problem of the Four Colours." *American Journal of Mathematics* 2 (3): 193–200.

Kernighan, Brian W., and Dennis M. Ritchie. 1988. *The C Programming Language.* Prentice Hall.

Kildall, Gary A. 1973. "A Unified Approach to Global Program Optimization." In *Proceedings of the 1st Annual ACM SIGACT-SIGPLAN Symposium on Principles of Programming Languages, POPL '73,* 194–206. Association for Computing Machinery.

Kleene, S. 1952. *Introduction to Metamathematics.* Van Nostrand.

Knuth, Donald E. 1964. "Backus Normal Form vs. Backus Naur Form." *Commun. ACM* 7 (12): 735–736.

Kuhlenschmidt, Andre, Deyaaeldeen Almahallawi, and Jeremy G. Siek. 2019. "Toward Efficient Gradual Typing for Structural Types via Coercions." In *Proceedings of the ACM SIGPLAN 2019 Conference on Programming Language Design and Implementation, PLDI '19.* Association for Computing Machinery.

Lawall, Julia L., and Olivier Danvy. 1993. "Separating Stages in the Continuation-Passing Style Transformation." In *Proceedings of the 20th ACM SIGPLAN-SIGACT Symposium on Principles of Programming Languages, POPL '93,* 124–136. Association for Computing Machinery.

Lehtosalo, Jukka. 2021. *MyPy Optional Type Checker for Python.* http://mypy-lang.org/.

Leroy, Xavier. 1992. "Unboxed Objects and Polymorphic Typing." In *Proceedings of the 19th ACM SIGPLAN-SIGACT Symposium on Principles of Programming Languages, POPL '92,* 177–188. Association for Computing Machinery.

Lesk, M. E., and E. Schmidt. 1975. *Lex - A Lexical Analyzer Generator.* Technical report. Bell Laboratories, July.

Lieberman, Henry, and Carl Hewitt. 1983. "A Real-Time Garbage Collector Based on the Lifetimes of Objects." *Commun. ACM* 26 (6): 419–429.

Liskov, Barbara. 1993. "A History of CLU." In *The Second ACM SIGPLAN Conference on History of Programming Languages, HOPL-II,* 133–147. Association for Computing Machinery.

Liskov, Barbara, Russ Atkinson, Toby Bloom, Eliot Moss, Craig Schaffert, Bob Scheifler, and Alan Snyder. 1979. *CLU Reference Manual.* Technical report LCS-TR-225. MIT.

Logothetis, George, and Prateek Mishra. 1981. "Compiling Short-Circuit Boolean Expressions in One Pass." *Software: Practice and Experience* 11 (11): 1197–1214.

Lutz, Mark. 2013. *Learning Python.* 5th edition. O'Reilly.

Matthes, Eric. 2019. *Python Crash Course.* 2nd edition. No Starch Press.

Matthews, Jacob, and Robert Bruce Findler. 2007. "Operational Semantics for Multi-Language Programs." In *Proceedings of the 34th ACM SIGPLAN-SIGACT Symposium on Principles of Programming Languages, POPL '07.* Association for Computing Machinery.

Matula, David W., George Marble, and Joel D. Isaacson. 1972. "Graph Coloring Algorithms." In *Graph Theory and Computing,* 109–122. Academic Press.

Matz, Michael, Jan Hubicka, Andreas Jaeger, and Mark Mitchell. 2013. *System V Application Binary Interface, AMD64 Architecture Processor Supplement*. Linux Foundation.

McCarthy, John. 1960. "Recursive Functions of Symbolic Expressions and their Computation by Machine, Part I." *Commun. ACM* 3 (4): 184–195.

Microsoft. 2018. *x64 Architecture*. https://docs.microsoft.com/en-us/windows-hardware/drivers/debugger/x64-architecture.

Microsoft. 2020. *x64 Calling Convention*. https://docs.microsoft.com/en-us/cpp/build/x64-calling-convention.

Milner, Robin, Mads Tofte, and Robert Harper. 1990. *The Definition of Standard ML*. MIT Press.

Minamide, Yasuhiko, Greg Morrisett, and Robert Harper. 1996. "Typed Closure Conversion." In *Proceedings of the 23rd ACM SIGPLAN-SIGACT Symposium on Principles of Programming Languages, POPL '96*, 271–283. Association for Computing Machinery.

Moggi, Eugenio. 1991. "Notions of Computation and Monads." *Inf. Comput.* 93 (1): 55–92.

Moore, E.F. 1959. "The Shortest Path Through a Maze." In *Proceedings of an International Symposium on the Theory of Switching*. Harvard University Press.

Morrison, R., A. Dearle, R. C. H. Connor, and A. L. Brown. 1991. "An Ad Hoc Approach to the Implementation of Polymorphism." *ACM Trans. Program. Lang. Syst.* 13 (3): 342–371.

Österlund, Erik, and Welf Löwe. 2016. "Block-Free Concurrent GC: Stack Scanning and Copying." In *Proceedings of the 2016 ACM SIGPLAN International Symposium on Memory Management, ISMM '16*, 1–12. Association for Computing Machinery.

Palsberg, Jens. 2007. "Register Allocation via Coloring of Chordal Graphs." In *Proceedings of the Thirteenth Australasian Symposium on Theory of Computing*, 3–3. Australian Computer Society.

Peyton Jones, Simon L., and André L. M. Santos. 1998. "A Transformation-Based Optimiser for Haskell." *Science of Computer Programming* 32 (1): 3–47.

Pierce, Benjamin C. 2002. *Types and Programming Languages*. MIT Press.

Pierce, Benjamin C., ed. 2004. *Advanced Topics in Types and Programming Languages*. MIT Press.

Pierce, Benjamin C., Arthur Azevedo de Amorim, Chris Casinghino, Marco Gaboardi, Michael Greenberg, Cătălin Hriţcu, Vilhelm Sjöberg, Andrew Tolmach, and Brent Yorgey. 2018. *Programming Language Foundations*. Vol. 2. Software Foundations. Electronic textbook. https://softwarefoundations.cis.upenn.edu/plf-current/index.html.

Pierce, Benjamin C., and David N. Turner. 2000. "Local Type Inference." *ACM Trans. Program. Lang. Syst.* 22 (1): 1–44.

Plotkin, G. D. 1975. "Call-by-Name, Call-by-Value and the Lambda-Calculus." *Theoretical Computer Science* 1 (2): 125–159.

Poletto, Massimiliano, and Vivek Sarkar. 1999. "Linear Scan Register Allocation." *ACM Trans. Program. Lang. Syst.* 21 (5): 895–913.

Python Software Foundation. 2021a. *Python GitHub Repository*. Python Software Foundation. https://github.com/python.

Python Software Foundation. 2021b. *The Python Language Reference*. Python Software Foundation.

Reynolds, John C. 1972. "Definitional Interpreters for Higher-Order Programming Languages." In *ACM '72: Proceedings of the ACM Annual Conference*, 717–740. Association for Computing Machinery.

Rosen, Kenneth H. 2002. *Discrete Mathematics and Its Applications*. McGraw-Hill Higher Education.

Russell, Stuart J., and Peter Norvig. 2003. *Artificial Intelligence: A Modern Approach*. 2nd ed. Pearson Education.

Sarkar, Dipanwita, Oscar Waddell, and R. Kent Dybvig. 2004. "A Nanopass Infrastructure for Compiler Education." In *Proceedings of the Ninth ACM SIGPLAN International Conference on Functional Programming, ICFP '04,* 201–212. Association for Computing Machinery.

Shahriyar, Rifat, Stephen M. Blackburn, Xi Yang, and Kathryn M. McKinley. 2013. "Taking Off the Gloves with Reference Counting Immix." In *Proceedings of the 24th ACM SIGPLAN Conference on Object Oriented Programming Systems Languages and Applications, OOPSLA '13.* Association for Computing Machinery.

Shidal, Jonathan, Ari J. Spilo, Paul T. Scheid, Ron K. Cytron, and Krishna M. Kavi. 2015. "Recycling Trash in Cache." In *Proceedings of the 2015 International Symposium on Memory Management, ISMM '15,* 118–130. Association for Computing Machinery.

Shinan, Erez. 2020. *Welcome to Lark's Documentation!* https://lark-parser.readthedocs.io/en/latest/index.html.

Shivers, O. 1988. "Control Flow Analysis in Scheme." In *Proceedings of the ACM SIGPLAN 1988 Conference on Programming Language Design and Implementation, PLDI '88,* 164–174. Association for Computing Machinery.

Siebert, Fridtjof. 2001. "Constant-Time Root Scanning for Deterministic Garbage Collection." In *Proceedings of Compiler Construction: 10th International Conference, CC 2001, Held as Part of the Joint European Conferences on Theory and Practice of Software, ETAPS '01,* edited by Reinhard Wilhelm, 304–318. Springer.

Siek, Jeremy G., and Walid Taha. 2006. "Gradual Typing for Functional Languages." In *Scheme '06: Proceedings of the Workshop on Scheme and Functional Programming,* 81–92. http://www.schemeworkshop.org/2006/.

Siek, Jeremy G., Peter Thiemann, and Philip Wadler. 2015. "Blame and Coercion: Together Again for the First Time." In *Proceedings of the ACM SIGPLAN 2015 Conference on Programming Language Design and Implementation, PLDI '15.* Association for Computing Machinery.

Sperber, Michael, R. Kent Dybvig, Matthew Flatt, Anton van Straaten, Robby Findler, and Jacob Matthews. 2009. "Revised[6] Report on the Algorithmic Language Scheme." *Journal of Functional Programming* 19:1–301.

Steele, Guy L. 1977. *Data Representations in PDP-10 MacLISP.* AI Memo 420. MIT Artificial Intelligence Lab.

Steele, Guy L. 1978. *Rabbit: A Compiler for Scheme.* Technical report. MIT.

Stroustrup, Bjarne. 1988. "Parameterized Types for C++." In *Proceedings of the USENIX C++ Conference.* USENIX.

Sweigart, Al. 2019. *Automate the Boring Stuff with Python.* No Starch Press.

Tene, Gil, Balaji Iyengar, and Michael Wolf. 2011. "C4: The Continuously Concurrent Compacting Collector." In *Proceedings of the International Symposium on Memory Management, ISMM '11,* 79–88. Association for Computing Machinery.

Tobin-Hochstadt, Sam, and Matthias Felleisen. 2006. "Interlanguage Migration: From Scripts to Programs." In *Companion to the 21st ACM SIGPLAN Conference on Object Oriented Programming Systems Languages and Applications (Dynamic Languages Symposium), DLS '06.* Association for Computing Machinery.

Tomita, Masaru. 1985. *Efficient Parsing for Natural Language: A Fast Algorithm for Practical Systems.* Kluwer Academic.

Ungar, David. 1984. "Generation Scavenging: A Non-Disruptive High Performance Storage Reclamation Algorithm." In *Proceedings of the First ACM SIGSOFT/SIGPLAN Software Engineering Symposium on Practical Software Development Environments, SDE 1,* 157–167. Association for Computing Machinery.

van Wijngaarden, Adriaan. 1966. "Recursive Definition of Syntax and Semantics." In *Formal Language Description Languages for Computer Programming,* edited by T. B. Steel Jr., 13–24. North-Holland.

Wadler, Philip, and Robert Bruce Findler. 2009. "Well-Typed Programs Can't Be Blamed." In *Proceedings of Programming Languages and Systems, 31st European Symposium on Programming, ESOP '09, Held as Part of the Joint European Conferences on Theory and Practice of Software, ETAPS '09,* edited by Giuseppe Castagna, 1–16. Springer.

Weeks, Stephen. 2006. "Whole-Program Compilation in MLton." In *Proceedings of the 2006 Workshop on ML '06,* 1. Association for Computing Machinery.

Wilson, Paul. 1992. "Uniprocessor Garbage Collection Techniques. Lecture Notes in Computer Science 637." In *Memory Management,* edited by Yves Bekkers and Jacques Cohen, 1–42. Springer.